초등 문해력이
평생 성적을 결정한다

문해력을 기르기 위한 최고의 교과서 활용법

초등 문해력이 평생 성적을 결정한다

오선균 지음

BOOKER

아이의 평생을 위해 반드시 필요한 능력

어디에 가져다 두어도 공부할 아이

'서울대반 모집'

'의대 준비반 개강'

'SKY ××명 합격'

학원가에서 흔히 볼 수 있는 문구입니다. 그런데 이런 의문이 듭니다. '이미 우수한 아이를 6개월에서 1년 가르친 후에 나온 결과를 그 학원의 공으로 인정해야 할까? 어쩌면 저 아이들은 어디에서 공부했든지 저 결과를 가져오지 않았을까?' 그렇습니다. 사실 이런 아이들은 어디서 공부하든 좋은 결과가 나옵니다. 왜냐하면 공부의 기본기가 되어 있기 때문입니다. 교과서나 인강만 봐도 내용을 스스로 이해하며 출제자의 의도를 파악합니다.

교육자로서, 학부모로서 어른들은 아이들에게 공부의 기초체력을 길러줘야 합니다. 이런 신념에 따라 초등학교 시절에 시작해서 고등학교를 졸업하며 끝마치는 12년 과정의 커리큘럼을 구성하고 학생을 모집했습니다. 주변에서는 "사교육에서 그런 시도가 가능할까?"라며 의구심을 가졌습니다. 그러나 시도했습니다. 한 아이를 길게는 10년^{초2~고3까} ^{지 팀 수업}, 보통 5~6년 이상 가르치며 아이의 성장을 함께 지켜봤습니다. 이런 시간을 보내며 학년이 올라갈수록 공부를 잘하는 아이와 학년이 올라가면 공부에 흥미를 잃고 힘들어 하는 아이는 무엇이 다른지, 원인을 찾고 해결하기 위해 노력했습니다.

초등학교 저학년 때 만난 아이를 고3까지 가르친다는 것이 얼마나 기적 같은 일인지, 강남에서 사교육을 경험해보신 분이라면 아실 것 입니다. 아이의 성적이 떨어지거나, 교사-아이-학부모의 신뢰 구도가 깨지면 그 선생님과의 사교육은 바로 중단됩니다. 하지만 놀랍게도 10여 년을 함께한 아이들이 생겼고, 서울대, 연세대 등 자신이 원하는 대학에 들어갈 수 있었습니다. 30년 동안 아이들을 가르치며 '기초체력부터 다지는 것이 역시 옳다'는 것을 확신했습니다.

문해력은 국어를 위한 기술이 아니다

우리는 문해력에 대해 오해하고 있습니다. 가장 큰 오해는 '문해력이 국어 과목에만 필요하다'는 생각입니다. 과학 과외를 받았는데도 시험에서 18점을 받은 중2 아이가 있었습니다. 몇 달 동안 지도한 끝에 이 아이는 과학 성적을 89점까지 올렸고, 전과목 평균은 40점 이상 상승했습니다. 독서와 논술, 그리고 국어를 주로 가르치던 제가 그 학생에게 과학을 가르친 것은 아닙니다. 다만 저는 '텍스트의 특성에 맞게 읽고 이해하는 훈련', 즉 문해력 훈련을 시킨 것입니다.

또 다른 이야기도 있습니다. 수학 성적에 따라 A~C반으로 구분해 수업하는 학교가 있었는데, 대부분의 학생은 처음 배치된 반에서 학년 끝까지 남아 공부했습니다. 그런데 C반에 있던 학생이 B반으로 옮긴 유일한 사례가 탄생했습니다. 단 6개월 만에 일어난 기적이었죠. 이 외에도 전 과목을 과외 받던 고등학생이 모든 과외를 중단하고 나서 오히려 성적이 오르기도 했습니다. 과외를 하던 시간에 문해력을 길렀거든요.

이처럼 문해력은 국어 과목이 아니라 전 과목, 모든 시험에 사용되는 필수 능력입니다. 어쩌면 '학습 능력' 그 자체라고 불러도 과언이 아닙니다. 하지만 우리 아이들은 제대로 된 문해력 훈련을 받지 못하고 있습니다. 서점에 가면 수많은 문해력 도서가 있지만 원론적인 이야기만 반복하거나 독서 교육에 그칠 뿐입니다. 어떤 책은 평범한 학부모가 집에서 따라 할 수 없는 방법을 제시하고 있습니다.

그래서 이 책을 쓰게 되었습니다. 아이들에게 가장 친숙한 책이자 반드시 공부할 수밖에 없는 '교과서'를 통해 문해력을 진단하고 기르는 방법을 연구했습니다. 문해력이 무엇인지 안다고 해서 바로 길러지거나 습득되는 것이 아닙니다. 매번 문제를 해결해 나가는 과정에서 길러집니다. 그래서 아이들이 수시로 접하는 교과서를 통해 문해력을 기르는 것이 가장 효율적이라고 생각했습니다.

왜 교과서인가

2022년 현재 아이들이 배우는 교과서는 2015년 개정을 따르고 있습니다. 이 교과 과정은 국어를 비롯한 모든 과목에서 궁극적으로 문해력을 요구하고 있으며, 문해력을 기르기에 가장 최적화된 교재입니다. 교사가 일방적으로 지식을 전달하는 방식을 지양하고 아이가 자신의 직·간접^{독서} 경험을 바탕으로 텍스트를 읽고 문제를 이해해야 합니다. 스스로 생각을 펼치고 문제^{과제}를 해결해야 합니다. 다시 말해 교과서의 모든 페이지가 문해력과 맞닿아 있습니다.

특히 어휘는 문해력의 기초가 됩니다. 그러니 교과서에 나온 학습 어휘를 정확하게 알아야 학년이 올라갈수록 어려워지는 학습에 걸림돌이 되지 않습니다. 그래서 이 책은 자신의 어휘 능력을 파악해 보기 위해 학년별 필수 어휘를 교과서 중심으로 정리했습니다.

초등학교 1학년 때는 학교 공부가 어렵다는 느낌이 들지 않을 수 있습니다. 그런데 3학년부터는 본격적으로 학습해야 할 양이 많아지며 아이들은 공부가 벅차다고 느끼기 시작합니다. 이때 문해력이 제대로 잡혀 있지 않으면 어떻게 될까요? 아이들은 점점 공부를 어렵게 느낄 것입니다. 중학교와 고등학교에 진학한 후에 공부가 힘들어지는 것도 초등학교 때 길렀어야 하는 문해력이 부족하기 때문에 나타나는 현상입니다. 초등학교 국어 교과서에 안내된 독서 방법은 5~6학년 고등학생들이 학생부와 논술을 염두에 두고 독서하는 방법과 같습니다. 그러니 초등 교과서를 결코 소홀히 하면 안 됩니다.

초등학생 때는 무엇보다 학습에 흥미를 가지고 자신에게 적합한 공부법을 찾아가며 문해력을 길러야 하는 중요한 시기입니다. 이런 중요성을 핵심적으로 설명하고 실제 상황에 적용해 보며 아이들이 스스로 흥미를 느낄 수 있도록 방법을 제시했습니다. 초등학교 때 자신이 하고 싶은 경험을 마음껏 해보며 중고등학교 때 공부를 잘할 수 있는 무기가 되는 문해력을 기르는 데 소홀함이 없어야겠습니다.

문해력은 아이가 평생 가져갈 자산

엄마들은 너무 쉽게 "우리 아이가 공부에 관심이 없어요"라고 말합니다. 그렇지 않습니다. 제가 가르친 아이들은 전부 공부를 잘하고 싶어 합니다. 다만, 어른들이 공부하는 방법을 제대로 가르쳐 주지도 않고 그저 하라고만 다그칩니다. 아이의 기분이나 아이가 원하는 것에는 관심을 보이지 않으면서 일단 공부나 하라고 혼냅니다. 아이들은 공부보다 더 재미있는 유혹을 뿌리치며 오늘도 고군분투하고 있습니다.

매년 입시 제도가 수없이 바뀌고 너무 복잡해져 알 수 없다고 생각할 수 있지만, 한 가지 분명한 것이 있습니다. 문해력이 있는 아이는 어떤 유형의 시험과 평가에서도 두려울 것이 없다는 사실입니다. 문해력을 기르는 것이 공부를 위한 가장 확실한 방법입니다.

30년 넘게 아이들을 가르쳤고 수많은 제자들이 자신이 원하는 대학에 들어갔습니다. 이 아이들을 떠올릴 때마다 드는 생각은 "명문대에 합격시켜주었구나"가 아니라 "아이들이 평생 살아갈 능력을 길러주었구나"입니다. 단순히 공부만 잘하는 아이가 아니라 자존감이 높은 아이, 그 자존감을 바탕으로 세상과 소통하는 아이로 키우기 위해 부단히 노력하는 엄마들에게 아이의 문해력을 기르는 것이 가장 중요하다고 강조하고 싶습니다.

즐거운 마음으로 보람을 느끼며 일할 수 있도록 한결같은 지지와 도움을 보내준 가족에게 고마움을 전합니다.

2022년 3월
오선균

차례

1부

문해력이
공부의 전부다

교과서를 읽지 못하는 아이들

> 10명 중 오직 1명의 아이만이 교과서를 스스로 읽고 이해할 수 있다는
> 놀라운 조사 결과가 있습니다. 문해력이 떨어지는 아이들은 교과서 읽
> 는 것을 어려워 합니다. 교과서를 읽고 자기 힘으로 중요 내용을 정리할
> 수 있는 아이와 누군가 핵심을 정리해 주어야만 하는 아이는 문해력에
> 서 엄청난 차이를 보입니다.

학교 수업을 힘들어하는 아이

유네스코는 "문해력이란 다양한 내용에 대한 글과 출판물을 사용하
여 정의, 이해, 해석, 창작, 의사소통, 계산 등을 할 수 있는 능력"이라고
정의합니다. 넓게는 말하기, 듣기, 읽기, 쓰기와 같은 언어의 모든 영역
이 가능한 상태를 말합니다. 출처: 위키 백과 신종호 서울대 교수는 문해력
이란 "단순히 책을 읽고 이해하는 것을 넘어 읽은 것을 다른 것과 연계
시키는 능력, 중요한 정보인지 아닌지 판단하는 능력, 정보들을 연결해
자신의 아이디어로 만드는 능력인데 요즘 학생들이 예전과 다른 점은
의외로 문해력이 떨어진다."라고 말했습니다. 문해력을 함축적으로 잘
설명하고 있는데, 다시 말해 문해력은 글을 이해하는 수준에서 그치는
것이 아닙니다. 읽고 이해한 내용을 바탕으로 다른 것과 연계하고 융합

할 수 있는 능력과 비판적 이해 즉, 판단을 할 수 능력입니다. 궁극적으로 생각을 바탕으로 자신의 아이디어를 만드는 능력^{재구성}입니다.

요즘 아이들이 문해력이 심각하다는 보도가 많이 나오고 있습니다. EBS에서 전국 중학교 3학년 학생들을 대상으로 문해력을 테스트한 결과 문해력 미달 학생 비율이 27%로 나타났습니다. 그중 초등학생 수준에도 못 미치는 학생이 무려 11%에 달했습니다. 한양대 국어교육과 조병영 교수는 "문해력이 부족한 학생들은 당연히 그 나이대의 문해력을 갖추지 못했기 때문에 해당 학년에 맞는 교과서를 못 읽을 뿐만 아니라 아예 공부 자체를 할 수 없다."며 안타까움을 나타냈습니다.

문해력이 떨어지는 아이들은 교과서를 읽는 것도 어려워합니다. 교과서를 읽고 중요한 내용을 정리할 수 있는 것과 중요한 내용이 정리된 것을 읽는 것은 문해력에서 엄청난 차이를 보입니다. 중학생들에게 사회 교과서, 역사 교과서, 도덕 교과서를 읽어 보라고 하면 중, 하위권 학생은 매우 힘들어합니다. 모르는 어휘가 많아 읽는 속도도 느리고, 읽고 나도 내용을 정리할 수 없습니다. 더구나 가장 중요한 내용이나 핵심 찾는 것을 더욱 힘들어합니다. 이런 상황이니 시험 공부를 하는 데 시간이 많이 걸리고 어렵게 읽어도 내용 정리가 잘 안 됩니다. 문해력과 관련하여 학교 수업이나 학원에서 교과서를 읽지 않고 설명만 듣거나 다른 사람이 정리해 놓은 것만을 읽는 것은 심각한 문제라고 생각합니다.

중학교 교실에서 선생님이 '얼굴이 피다'의 뜻을 물어보니 제대로 말하는 아이가 없었고, 나온 대답이 '얼굴에 피가 나다' 또는 '다쳤다'였습니다. 고등학생에게 '존귀'의 뜻을 물었더니 '많이 귀여운 것'이라 대답하고, 〈기생충〉을 수업 자료로 제시하여 가제를 물어보니 '랍스타'라는 대답이 나옵니다. 뜻만 모르는 것이 아니라 맞춤법도 '가제'와 '가재'를 구별하지 못하는 듯합니다. 변호사라는 영어 단어는 아는데 변호의 뜻은 모릅니다. 비슷하게 베이비시터는 아는데 보모라는 어휘의 뜻을 모릅니다. 이런 상태라면 학교 수업을 따라갈 수 있을까요?

심지어 중학교 역사 시간에 선생님이 '붕당 정치'를 설명하는데 '붕당'이라는 어휘의 뜻을 모르니 지루해하고 포기하는 표정이었습니다. 그리고 바로 배운 것을 생각나는 대로 써 보라고 하니 아이들은 전혀 쓰지 못하거나 노론, 소론을 '노롱' '소롱'이라고 써 놓는 아이도 있었습니다. 어휘의 뜻을 모르니 어휘를 정확하게 받아 쓸 수도 없는 것입니다. 선생님은 방법을 바꿔 오늘 배울 내용에 나오는 어휘를 먼저 설명하고 숙지시킨 다음 내용을 설명했습니다. 그랬더니 아이들이 수업 내용에 관심을 보이고 선생님 질문에 대답도 잘하는 모습으로 분위기가 달라졌습니다. 아이들은 어휘와 개념을 몰라 수업이 재미가 없고 내용을 이해하기 어려웠던 것입니다.

문해력이 곧 '학습 능력'

우리는 자녀를 공부 잘하는 아이로 기르고 싶다면서 '공부 잘한다'는 것이 무엇인지 놓치고 있는 경우가 많습니다. 공부 잘하는 능력, 즉 학습력이란 무엇일까요? 크게 두 가지로 설명할 수 있습니다. 첫째, 교과서를 스스로 이해하며 자기주도 학습이 가능해야 합니다. 둘째, 시험 문제가 원하는 것을 정확히 파악하고 그에 맞는 답을 내놓을 수 있어야 합니다. 그렇습니다. 이 두 가지를 달성하기 위해서는 '문해력'이 필수입니다. 다시 말해 '학습력 = 문해력'이라고 해도 과언이 아닙니다.

문해력에 대한 대표적 오해가 '국어에 한정되는 능력'이라는 착각입니다. 실제로는 문해력이 전과목 성적을 결정합니다. 이상하게 시험만 보면 수학 성적이 낮은 아이가 있습니다. 숫자 계산도 잘하고, 학습지도 곧잘 푸는데 왜 이러는지 원인을 알 수 없었습니다. 이 아이에게 부족한 것은 문해력이었습니다. 문제가 조금이라도 길어지면 문제가 요구하는 것을 파악하지 못하고 엉뚱한 풀이를 내놓았던 것입니다.

이런 현상은 초등학교 때 시작되어 수능을 넘어 대학 때도 일어납니다. 〈2021학년도 대학수학 능력시험〉에 실제로 출제된 영어 문제를 통해 문해력이 왜 필요한지 알아볼까요?

23. 다음 글의 주제로 가장 적절한 것은? [3점]

Difficulties arise when we do not think of people and machines as collaborative systems, but assign whatever tasks can be automated to the machines and leave the rest to people. This ends up requiring people to behave in machine-like fashion, in ways that differ from human capabilities. We expect people to monitor machines, which means keeping alert for long periods, something we are bad at. We require people to do repeated operations with the extreme precision and accuracy required by machines, again something we are not good at. When we divide up the machine and human components of a task in this way, we fail to take advantage of human strengths and capabilities but instead rely upon areas where we are genetically, biologically unsuited. Yet, when people fail, they are blamed.

① difficulties of overcoming human weaknesses to avoid failure

② benefits of allowing machines and humans to work together

③ issues of allocating unfit tasks to humans in automated systems

④ reasons why humans continue to pursue machine automation

⑤ influences of human actions on a machine's performance

(한국어 번역본)

　사람과 기계를 협업 시스템으로 생각하지 않고 자동화될 수 있는 작업은 무엇이든 기계에 할당하고 그 나머지를 사람들에게 맡길 때 어려움이 발생한다. 이것은 결국 사람들에게 기계와 같은 방식으로, 즉 인간의 능력과 다른 방식으로 행동할 것을 요구하게 된다. 우리는 사람들이 기계를 감시하기를 기대하는데, 이는 오랫동안 경계를 게을리하지 않는 것을 의미하며, 그것은 우리가 잘하지 못하는 어떤 것이다. 우리는 사람들에게 기계에 의해 요구되는 극도의 정밀함과 정확성을 가지고 반복적인 작업을 할 것을 요구하는데, 이 또한 우리가 잘하지 못하는 어떤 것이다. 우리가 이런 식으로 어떤 과제의 기계적 구성요소와 인간적 구성요소를 나눌 때, 우리는 인간의 강점과 능력을 이용하지 못하고, 그 대신 유전적으로, 생물학적으로 부적합한 영역에 의존하게 되는 것이다. 하지만, 사람들이 실패할 때, 그들은 비난을 받는다.

① 실패를 피하기 위해 인간의 약점을 극복하는 것의 어려움
② 기계와 인간이 함께 일하게 하는 것의 이점
③ 자동화된 시스템에서 인간에게 부적합한 과제를 할당하는 것의 문제
④ 인간이 기계 자동화를 계속 추구하는 이유
⑤ 인간의 행동이 기계의 성능에 미치는 영향

자, 어떠셨나요? 여러분은 정답을 찾으셨습니까? 영어 수능 문제지만 국어 수능 문제와 별반 다르지 않습니다. 우선 어휘의 뜻을 정확하게 알아야 하고 제대로 해석을 하지 못하면 문제를 풀 수 없습니다. 해석을 할 수 있어도 문해력이 뒷받침이 되지 않으면 정확한 답을 유추할 수 없습니다.

문해력과 대학 입시의 상관관계

대학수학 능력시험^{수능} 개요에서 밝히고 있습니다. "대학의 교육과정을 얼마나 잘 수학^{修學}할 수 있는지를 평가하는 것이 그 목적이다"라고요. 대학 교육을 수학하기 위해서는 국어 영역과 영어 영역은 각 교과서 해설서의 '평가항목' 기준에만 충실히 하고, 지문 소재는 외부 문헌을 활용합니다. 일각에서는 "배우지도 않은 어려운 과학·철학 지문을 왜 출제하냐" "교과서의 내용이 아니다"라고 오해하기도 하는데, 국어 영역과 영어 영역의 취지 자체는 처음 보는 지문을 그 자리에서 읽고 해석하고 재구성하는 문해력을 평가하는 것입니다. 즉 대학 교육을 이수하는 데 필요한 언어능력을 측정한다는 수능 도입 취지를 살펴보면 잘 알수 있습니다. 바로 대학 교육을 받을 수 있는 문해력을 측정하는 것입니다.

특히 수능 국어는 국어와 관련된 지문뿐만 아니라 사회, 과학 등 다양한 교과 영역의 소재를 활용해 언어와 관련된 능력을 평가합니다. 어휘의 의미를 정확히 이해하고, 그 용도를 적절히 구분하는 능력과 비교적 긴 문장에 대해 사실적, 추론적, 비판적 이해력을 측정합니다. 어휘 간의 관계를 유추하고 귀납적 또는 연역적으로 추리할 수 있는 능력 등 대학 교육을 이수하는 데 필요한 언어능력을 측정한다고 수능 도입 취지를 밝힌 의도에서 다시한번 확인할 수 있습니다. 이런 능력은 비단 국어에만 필요한 것이 아닙니다. 문해력은 대학 교육 과정을 수학하기 위한 능력입니다.

문해력이 더 중요해지는 이유

국제 경제 협력 기구 OECD는 미래의 학생이 가져야 할 네 가지 스킬로 수리력, 문해력, 디지털 문해력, 데이터 문해력을 제시했습니다. 다시 말해 앞으로는 입력이 아니라 출력이 중요한 시대라고 제시합니다. 단순히 읽고 이해하는 것은 문해력이 아닙니다. 따라서 문해력은 공부에만 필요한 것이 아니라 친구와의 의사소통, 의견 전달, 자신감과 밀접한 관계가 있으며 계약서, 기사 이해, 문서 작성 능력, 자기 생각을 올바르게 전달하는 능력까지 우리 삶에 긴밀하게 영향을 미칩니다. 그러므로 세계는 문해력에 대한 교육에 힘을 쏟고 있습니다.

미국은 OECD의 국제 성인 역량 조사 PIAAC에서 미국 성인의 약 19%가 기본 이하 수준의 문해력을 가지고 있는 것으로 나타났습니다. 사실 이러한 결과는 1992년과 2003년에 수행된 '성인 문해력 평가' '성인 문해력 조사'에서도 유사하게 나타났습니다. 정부뿐만 아니라 많은 전문가들이 미국의 문해력 수준에 대해 우려를 표명하였으며, 이에 2000년대 초반 정부는 국민의 문해력을 증진시키기 위해 국가 수준의 다양한 정책을 마련하였습니다. 특히 문해력 교육에 대한 책무성을 강화한 것입니다. 정부는 연방 수준의 교육 법안을 통해 문해력에 대한 정부 및 교육 기관의 책무성을 강화하였습니다.

핀란드 정부는 행정부처 간의 원활한 협력을 통해 학생들의 문해력 증진 및 독서 문화 촉진을 위해 다양한 프로젝트와 작업을 진행하고 있습니다. 핀란드 교육문화부는 저조한 문해력과 독서 감소 문제를 해결하기 위해 2017년 '전국 문해력 포럼Lukutaitofoorumi'을 설립하였습니다. 포럼의 주요 목적은 어린이와 청소년의 읽기 쓰기 능력 개발에 필요한 대책 마련이며, 거기에는 평생 학습을 위한 적절한 문해력을 갖추도록 하는 방안이 포함됩니다. 어린이와 청소년의 독서 장려, 문해력 지원을 위한 커뮤니티 활성화, 전문가와의 협력, 그리고 독서를 촉진하는 환경 조성을 시행하고 있습니다.

우리나라는 2015학년도 교육과정에 따라 2020년부터 중등 자유 학기제가 전면 실시되고, 2025년도 고교 학점제가 도입됨에 따라 문해력이 더욱 중요한 능력으로 부각되고 있습니다. 입시에서도 큰 변화가 예상됩니다. 요즘 인강 1타 강사들이 수능의 변화를 예고하고 있습니다. 교육계에서는 서술·논술형 문항의 도입과 수시 입학 제도의 변화를 예상하고 있습니다. 특히나 2019년의 OECD 국제 교육 컨퍼런스에서도 2030 미래 교육 체제 방안에서 살아가는 능력을 길러 주는 역량 중심의 학습 체계를 방향으로 제시했습니다. 세계 수준의 교육 시스템 전환 방안으로 반복적 인지 능력 강화에서 복잡한 방식의 생각, 행동, 집단적 능력을 제시했습니다. 이 모든 것은 문해력과 밀접한 관련이 있는 능력이며 학생 때 길러야 하는 핵심 역량입니다.

OECD 국제 학생 평가 프로그램에서 발표한 우리나라 학생의 읽기 수준 평가를 보면 최하위권을 차지한 학생 비율이 2009년에 5.8%였으나 2018년에 15.1%를 나타냈습니다. 또한 한국 교총이 발표한 초중고 교사 대상 설문 조사에서도 문해력이 70점 이하인 학생이 45.1%를 차지해서 D 등급으로 나타났습니다. 《학교 속의 문맹자들》^{엄훈}에서 저자는 "이와 같이 문맹율은 거의 1%에 수렴하지만 실질적인 문해력은 심각한 수준이다. 국민의 문해력이 곧 국가 경쟁력인 시대에 문해력에 대한 적절한 대처가 시급하다."라고 강조하고 있습니다.

수능 만점의 비결이 문해력?

책을 읽으면 좋은 이유는 계속해서 강조되었고, 요즘은 수능에서 만점 받은 학생들이 어려서부터 지금까지 해온 독서가 수능 시험에 가장 많은 도움이 됐다는 이야기를 합니다. 그래서 부모님들은, 책 읽기의 중요성은 알지만 공부할 시간이 부족하고 어려서는 책을 많이 읽었음에도 글이 많아지고 고학년이 되면서 읽지 않는다고 하소연합니다. 초등학교 고학년 때 책을 안 읽는 아이들은 중학교 고등학교에 올라가면 책을 읽기가 더 힘들어집니다. 선행과 시험에 대한 부담감 그리고 독서 습관이 들지 않았기 때문에 책을 읽기가 매우 힘듭니다. 그러다 보면 꾸준히 책을 읽은 아이들과 격차는 더 벌어지게 되고, 학교에서 제시하는 추천 도서조차 읽기 힘들어집니다. 중고등학교에 가면 학기 중에 책과 관련된 과제나 수행평가가 계속되는데 그때마다 대부분의 아이들은 그것조차 하기 힘들어합니다.

책을 읽으면 우선 어휘력이 좋아집니다. 요즘 아이들은 어휘력이 상당이 떨어집니다. 특히 학습에 필요하고 교과서에 나오는 어휘에 대한 이해력이 떨어집니다. 자신들이 쓰는 단어만 제한적으로 쓰고 줄인 말이나 신조어를 많이 씁니다. 그러다 보니 어휘력이 심각한 수준입니다, 엄마들도 이 부분에 대한 하소연을 많이 합니다. 그런데 학교 공부는 개념을 잘 알아야 내용을 잘 이해할 수 있을뿐더러 학년이 올라갈수록 반복해서 나오거나 더 세분화된 어휘력이 요구됩니다. 특히 사전적 의미보다 문맥적 의미가 더 많이 활용됩니다. 이것은 영어를 독해할 때도 마찬가지입니다. EBS에서 방영한 〈문해력이 문제다〉에서도 "얼굴이 피다"를 이해 못하는 중학생이 한 반에 상당이 많다는 교사의 증언도 있었습니다. 그래서 영어 시간인데 어휘의 뜻을 설명하다 보면 가르칠 내용을 제대로 못 가르친다는 내용의 인터뷰가 있었습니다. 이것은 현장에서 아이들을 가르쳐 본 선생님들이라면 격하게 공감하는 부분입니다.

둘째 이해력이 좋아집니다. 한 권의 책을 읽는다는 것은 길이와 상관없이 전개되는 내용의 흐름을 이해하는 것입니다. 발단, 전개, 절정, 결말이라는 과정과 사건을 이해합니다. 인물의 성격을 파악하고 사건의 인과 관계를 이해하면서 자신의 생각을 정리하고 비판적 사고도 함께하는 과정입니다. 이런 능력은 소설을 읽었을 때만 일어나는 일이 아닙니다. 과학 책을 읽어도 내가 알고 있던 사실과 새롭게 알게 된 사실을 구별할 수 있게 됩니다. 이런 구별과 분류 능력은 학습의 기본 중에 기본이며 가장 중요한 능력입니다. 어휘력이나 이해력, 사고력과 비판 능력은 독서를 통해 자연스럽게 길러집니다.

결국 문해력을 키우기 위해서는 책을 읽는 방법밖에 없습니다. 각 분야의 뛰어난 리더는 책을 많이 읽었고, 서울대생 중에서도 책을 많이 읽은 학생은 기본적으로 문해력과 사고력이 탄탄하다고 합니다. 신종오 교수 의견 참고

왜 책을 읽으면 문해력이 길러질까요? 책을 읽으면 먼저 내용을 파악하게 됩니다. 사건과 인물들의 갈등, 성격을 이해하게 됩니다. 바로 이해력이 길러집니다. 책의 내용인 사건과 갈등을 시대적, 사회적 배경과 연계해 설명할 수 있게 됩니다. 여러 사건과 갈등 중에 주제와 연계하여 중요한 것이 무엇인지 알게 됩니다. 그리고 나라면 어떻게 하겠는가?

오늘날과 어떻게 다른가? 또는 오늘날에는 어떤 방식으로 나타나는지 살펴보게 됩니다. 그러면서 새로운 생각을 하게 되고 스스로 질문을 하게 됩니다. 이런 일련의 과정이 바로 문해력입니다. 이는 과학, 역사, 인물, 소설 등 모든 장르의 책을 읽을 때 나타나는 과정입니다. 책을 읽으면 이런 과정을 끊임없이 거치게 됩니다. 그래서 책을 읽으면 문해력이 길러지는 것입니다. 교육 전문가들이 문해력을 위해 한결같이 책을 읽으라고 하는 이유입니다.

책 읽기는 문해력을 위해 아무리 강조해도 지나치지 않고, 또 문해력을 키우는 가장 좋은 방법입니다. 앞에서 말한 문해력이 떨어지는 학생은 교과서를 읽은 다음 먼저 모르는 어휘의 뜻을 찾아 이해해야 합니다. 어휘력은 문해력의 기초입니다. 가장 핵심이 되는 어휘도 찾아봅니다. 교과서를 읽고 내용을 정리해 보는 것입니다. 머릿속으로만 정리하지 말고 노트에 정리합니다. 교과서를 읽고 중요한 내용을 정리할 수 있는 것과 중요한 내용이 정리된 것을 읽는 것은 문해력에서 엄청난 차이를 보입니다.

영상 세대에게도 문해력이 중요할까?

등교가 중단되고 비대면으로 수업하는 초유의 사태가 벌어졌습니다. 그동안 수업에 영상 매체를 이용하여 수업이 이루어지기는 했어도 이처럼 전면에 등장한 경우는 없었습니다. 수업을 준비하는 교사들은 어려움과 혼란이 있었지만 오히려 아이들은 쉽게 적응하는 듯합니다. 그만큼 아이들은 영상매체에 익숙하기 때문입니다. 긴 글을 읽기 힘들어 하고 생각하는 것보다 직관적이고 시각적 이해에 의존하려는 아이들에게 책을 읽히고 글을 쓰게 하는 것은 점점 힘들어지고 있습니다.

다른 사람이 만들어 놓은 영상을 즐기고 계속해서 보기만 한다면 우리 아이들은 영상의 세대의 수혜자가 아니라 피해자가 될 수 있습니다. 글은 읽으면서 생각을 해야 하고 이해의 속도를 나에게 맞춰 나가게 됩니다. 영상은 이와 다르게 주어진 내용을 수동적으로 받아들이고 빠르게 흘려보내는 경향이 강합니다. 그러다 보니 이해하고 사고할 여지가 부족합니다.

문해력은 텍스트, 즉 글뿐만 아니라 영상을 포함한 모든 매체에 적용되는 개념입니다. 또한 매체를 이해하는 수준에서 그치는 것이 아니라 이해한 내용을 바탕으로 다른 것과 연계하고 판단하고 융합하는 능력입니다. 궁극적으로 자신의 생각을 바탕으로 자신의 아이디어를 도출해 내는 힘이라고 볼 수 있습니다.

공부할 때 선생님이 가르쳐 주신대로 내용을 익히고 그대로 받아들이던 시대보다 훨씬 능동적으로 이해하고 사고해야 하는 시대가 되었습니다. 더구나 전문화되고 다양해진 사회에서 문해력은 가장 중요한 능력이 되었습니다.

교과서를 살펴 보도록 하겠습니다. 사회 6-2 121쪽

규민이네 반 친구들은 지구촌 갈등을 평화롭게 해결을 위한 홍보 동영상을 만들기로 합니다. 그런데 이 짧은 동영상을 만들기 위해 어떤 준비를 해야 할까요?

우선 친구들과 주제를 놓고 토의를 해야 합니다. 갈등의 원인과 나타나고 있는 현상, 그리고 문제 해결을 위해 아이들이 실천할 수 있는 방법들을 도출해 내야 합니다. 이런 과정들은 문제에 대한 이해와 자신의 생각이 없다면 이루어 질 수 없는 것입니다.

우선 지구촌 갈등에 대한 문제를 제기하게 된 이유를 설득해야 합니다. 그리고 지구촌 문제에 관심을 갖고 지구촌 문제에 대한 정보를 다양하게 찾아봐야 합니다. 찾은 정보가 자신들이 만들려는 동영상과 내용에 적합한 것인지 판단할 수 있어야 합니다. 지구촌 평화를 위한 공익광고 문구도 만들어야 합니다. 이때 생각과 의미를 정확하게 이해할 수 있도록 글과 이미지로 전달해야 합니다. 지구촌 갈등 해결을 위한 국제기구들과 국가들의 노력도 연관질 수 있어야 합니다. 뿐만 아니라 새로 필요한 조직이나 활동은 없을까도 생각할 수 있어야 합니다.

국가나 국제기구의 역할과 활동도 중요하지만 개인의 실천이 무엇보다 중요하기 때문에 개인이 노력한 것은 없는지 자료를 찾아봐야 합니다. 현행 교육 과정은 사실을 아는 것도 중요하지만 나의 문제로 가져오고 그것을 실천하고 실현해 보는 것이 중요하기 때문에 이 부분이 중요합니다. 이런 과정이 읽거나 생각하는 과정을 거치지 않고 이루어질 수 없습니다.

문제를 인식하고 자신이 실천할 수 있는 방법을 찾기 위해서는 어린이들의 권리가 침해되는 사례도 찾아봐야 합니다. 그리고 그들을 위해 실천할 수 있는 방법들을 구체적으로 찾아봐야 합니다. 친구들을 돕는 모금 활동을 하기로 합니다. 그리고 마지막으로 지구촌 문제 해결에 관심을 갖도록 누리 소통망 서비스로 여러 나라에 요청하기도 적극적으로 해야 합니다. 이런 내용을 담아 영상으로 잘 전달하기 위해서는 문해력이 바탕이 되어야 합니다.

아이들을 영상의 소비자가 아니라 생산자로 교육하기 위한 활동은 교과서에 구체적으로 제시되어 있습니다. 발표 상황에 맞는 영상 자료 만드는 방법^{국어 6-2 가 154쪽}입니다.

발표 상황 파악하기 → 주제 정하기 → 내용 및 장면 정하기 → 촬영 계획 세우기 → 촬영하기 → 편집하기 → 발표하기(영상 자료를 인터넷에 올리기)

발표상황 파악하기 단계에서는 발표 목적과 듣는 사람(영상을 보는 사람), 발표 상황에서 고려할 점들을 점검합니다. 주제 정하기와 내용 정하기 과정에서는 주제를 효과적으로 전할 수 있는 내용을 고민해 봐야 합니다. 그에 적합한 촬영장면을 생각해 보고 토의를 거쳐야 합니다. 관련된 기사, 책, 영상과 같은 모든 매체 자료도 찾아보고 자료를 만들어야 합니다.

특히 영상으로 만들기 위해 장면과 촬영은 중요하겠지요. 전달하려는 내용을 효과적으로 촬영하기 위한 계획이 필요합니다. 편집하기에서는 제목과 자막 넣기도 중요하고 사용할 장면을 고르고 장면을 효과적으로 차례에 맞게 편집하고 배치해야 합니다. 발표 효과를 높이기 위해 다른 매체 자료도 활용할 수 있는 안목이 요구됩니다. 제목과 자막에 맞는 배경 음악 넣기 같은 융합할 수 있는 능력도 중요합니다.

이런 일련의 활동을 하며 아이들이 스스로 토의하고 의견을 나누기 위해서는 단편적으로 많이 알고 있는 것이 중요하지 않습니다. 문해력을 통해 길러진 능력이 있어야 가능합니다. 영상세대는 문화와 텍스트, 컨텐츠를 생산하는 주체가 되어야 합니다.

초등 시기를 놓치면 늦는다

서울대 입학생은 고등학생 시절 책을 얼마나 읽었을까요? 일반고 출신은 30권, 특목고 및 자사고 출신은 40권이 평균이라고 합니다. 고등학교 진학 전에는 이보다 더 많은 독서를 하며 문해력을 쌓아왔을 것입니다. 어린 시절부터 텍스트에서 재미를 느끼고 자신이 좋아하는 지식을 찾아 내는 습관이 되어 있지 않았다면 고등학생이 된 후에는 입시 공부에 바빴을 테니까요.

초등 교과의 목적은 문해력

초등학교 때 독서 습관이 들지 않고 독서에 재미를 느끼지 못하면 중학교에서 독서를 계속하기가 힘들어집니다. 초등학교 때는 아이가 비교적 엄마 말을 잘 듣고 학원 숙제도 엄마가 관리할 수 있습니다. 따라서 독서 글쓰기 학원을 다니지 않아도 엄마의 독서 계획에 따라 책을 읽을 수 있습니다. 그러나 고학년이 되면 엄마는 아이의 학습과 선행에 대해 부담을 느끼기 시작합니다. 특히 영어, 수학 등의 학과에 부담을 느끼기 시작하고 아이가 잘하지 못하는 것 같아 불안하면 독서의 양을 줄이고 교과 학습으로 더 많은 시간을 채웁니다. 그동안 아이들을 가르치며 만난 수많은 엄마들을 보면 초등학교 저학년까지는 책 읽기를 중요하게 생각하고 아이들이 마음껏 읽도록 합니다. 물론 학습에 대한 부담도 적습니다. 그러다가 아이가 4학년이 되면서부터는 학습에 대한 부담감 때문에 독서를 서서히 줄여 나갑니다. 그래서 4학년부터, 독서를 계속 꾸준히 하는 아이와 그렇지 못한 아이로 나뉩니다.

4학년 때부터는 읽을 책들의 내용이 길어지고, 교과서를 기준으로 해도 어려워집니다. 저학년까지는 책을 읽은 다음에 하는 독후 활동이 비교적 쉽습니다. 책의 내용을 파악하고 간단하게 느낌과 생각을 표현하는 단계니까요. 그러나 6학년 교과서를 보면 질문들이 바르게 읽기를 바탕으로 책 내용을 미루어 생각하고, 비판하며 해결하기를 요구합니다. 따라서 꾸준히 책을 읽지 않았다면 쉽게 해결할 수 있는 문제들이 아닙니다. 초등학교 4학년부터 책 읽기를 소홀히 한다면 저학년 때 아무리 책을 많이 읽었다 하더라도 독서 수준과 문해력이 올라가지 않습니다. 이런 상태로 중학교에 올라가면 책 읽기는 더욱 힘듭니다. 따라서 초등학교 고학년 때도 꾸준히 독서를 해야 합니다.

계속 강조하지만 독서를 계속하면 이해력이 높아지므로 책 읽는 속도도 빨라집니다. 초등학교 2학년 때부터 고3까지 독서 지도를 한 아이들은 《이기적 유전자》리처드 도킨스처럼 내용이 어렵고 양이 480쪽이나 되는 책을 일주일에 한 번 하는 수업 시간에 두 번에 걸쳐 읽어 오고 토론까지 가능합니다. 물론 글쓰기도 하지요. 책 읽기를 꾸준히 했기 때문입니다. 이런 아이들과, 읽을 엄두조차 못 내는 아이들은 학교 공부를 하는 내내 이해력과 사고력에서 차이가 날 것입니다.

중고등학교 때 시작하면 늦는 이유

초등학교 때 책 읽기가 습관화되지 않으면 중고등학교 때는 책 읽기가 더욱 어렵습니다. 우선 학교 시험에 대한 부담과 선행 학습을 위해 학원을 많이 다니고, 많은 학원 숙제로 시간이 항상 부족합니다. 내용에 따라 다르겠지만 책의 내용이 늘어나 한두 시간 내에 한 권 읽기가 어렵습니다. 읽다가 중간에 멈추고 다음에 이어 읽는 것도 힘듭니다. 그동안 책을 많이 읽어 이해력이 좋은 아이들은 가능하지만 그렇지 않은 아이들은 이어 읽기가 쉽지 않습니다.

둘째, 책을 읽었다고 해서 당장 효과가 나타나는 것이 아닙니다. 수학 문제집을 풀면 아는 문제와 모르는 문제를 바로 확인할 수 있습니다. 시험에도 도움이 됩니다. 그러나 책을 읽었다고 해서 곧바로 다음 시험을 잘 보게 되는 것이 아닙니다. 대부분 아이들은 평소에도 수학 학원이나 영어 학원, 과학 학원 등을 다니거나 학과 공부를 하는 아이들은 흔히 볼 수 있지만 수행 평가나 독서 경시 대회도 아닌데 책을 읽는 아이들을 보기는 힘듭니다. 성적에 대한 압박감은 부모나 학생 모두 마찬가지로 느낍니다.

셋째, 책 읽기에 재미를 느끼지 못한 채 중학교에 가면 책보다 더 재미있는 것들을 주변에서 쉽게 접할 수 있습니다. 게임과 핸드폰은 손에서 놓지 못할 정도로 아이들이 재미있어 하는 매체로 멀리하기가 쉽지 않습니다. 특히 사춘기를 맞이하면 친구 관계 등에서 정서적으로 새로운 변화를 겪게 됩니다. 이때는 자칫하면 부모와 갈등이 심해지고, 부모 말을 잔소리로 치부하며 잘 들으려 하지 않습니다. 공부하기도 시간이 부족한데 이런 문제들까지 생기면 책 읽기는 더욱 힘들어집니다.

넷째, 책 읽기는 강제성이 없습니다. 학과 공부는 학원도 다니고 시험도 보고 숙제도 있으니 그때마다 할 수밖에 없지만 책 읽기는 학교에서 도서 목록을 제시해도 실질적으로 방법을 가르쳐 준다거나 어떻게 읽으라고 알려주지 않습니다. 독서 일지를 쓴다고 해도 형식적인 경우가 많고, 내용에 대한 피드백이 거의 없습니다. 학기 중에는 시간이 없으니 방학 때 읽겠다고 미룬다 해도 정작 방학이 되면 제대로 읽기 힘듭니다. 방학 특강과, 방학이라 좀 느슨해진 생활 태도로 인해 계획대로 실천하기가 힘듭니다.

마지막으로 요즘 아이들은 책을 차분히 읽을 만큼의 집중력이 부족합니다. 문제 푸는 데 익숙하고 당장 해결해야 하는 학습량을 채우는 데 집중하다 보니 책을 읽지 못합니다. 초등학교 때 책을 꾸준히 읽어서 책 읽기에 재미를 느끼고, 자신이 좋아하는 분야의 책을 찾아 읽는 습관이 되어 있지 않다면 중고등학교에서 책을 읽기란 쉽지 않습니다.

읽기에 최우선 순위를 두어라

책 읽는 습관이 되어 있고 재미를 느끼는 아이들은 중고등학교 때도 꾸준히 책을 읽습니다. 수능에서 만점을 받은 아이들이 고3 때도 책을 읽었다고 빠지지 않고 말합니다. 그것이 가능할까요? 만점자니까 가능한 거 아닐까 하고 생각하겠지만 오히려 그들은 만점을 받을 만큼 학과 공부를 더 열심히 했을 것입니다. 2017년 불수능 때 만점을 받은_{당시 총 3명이었음} 이영래 군은 〈나만의 책 이야기 토크 콘서트〉에서 책을 통해 자신의 진로와 적성을 탐색할 수 있었다고 밝혔습니다. 초등학교 때 형사가 되고 싶어《어린이 과학 형사대》를 읽었고, 서울대 경제학과에 지원하게 된 것은《어린이 경제 원론》의 영향이 컸다고 밝혔습니다. 또한 "비문학 서적도 배경지식을 쌓는 데 영향을 주었다. 이해력이 빨라지고 속독이 가능해져서 수능에서 짧은 시간에 긴 지문을 제대로 이해할 수 있었다"고 했습니다.

이군은 고등학교 때도 150권의 책을 읽었다고 했습니다. 입시 공부를 하면서 이만큼 독서를 했으니 이해력과 사고력은 다른 아이들과 차별화될 수밖에 없습니다. 이군은 공부하다 스트레스를 받으면《태백산맥》,《아리랑》,《한강》등 대하소설을 주로 읽었다고 합니다. 스트레스를 책으로 풀다니 말이 안 된다고 생각할 수도 있습니다. 하지만 저는 이군 같은 아이들을 실제로 많이 만났고, 중간 고사나 기말 고사가 끝나

면 책을 빌려 가던 아이들을 보았으므로 이군의 말에서 진정성을 느낄
수 있습니다.

문해력은 재미있는 놀이의 결과

영단어 'effect^{효과}'와 'effort^{노력}'는 알아도 '상쇄하다'는 말과 '상세하다'를 구분하지 못하고, '고지식하다'는 말을 '지식이 높다'는 뜻으로 알아듣는 아이들. 중고등학생이 되어서 문제를 풀려고 해도 시험지에 나온 어휘를 이해하지 못하니 성적이 나올리 없습니다. 문해력의 기본을 쌓아야 하는 초등 시기를 놓치면 그 영향은 평생 갑니다.

책과 친해지는 환경 만들기

아이가 책을 좋아하고 꾸준히 읽게 하기 위해 초등학교 때는 무엇보다 환경이 중요합니다. 환경은 정서적 환경과 물리적 환경으로 나누어 볼 수 있습니다. 정서적 환경를 만드는 데 제일 중요하고 효과적인 것은 아이와 엄마, 아빠가 함께 책을 읽는 것입니다. 하브루타 같은 질문 독서와 가족이 함께 토론할 수 있다면 더할 나위 없이 좋겠지만 아이가 한 명이고 부모가 맞벌이를 한다면 이 또한 쉬운 일이 아닙니다.

하브루타는 책을 읽고 각자 문제를 만들어서 토론할 문제를 고르고, 적어도 한 시간 이상 함께 토론하는 시간을 가져야 합니다. 그다음 토론 결과를 가지고 글쓰기를 하며 생각을 마무리합니다. 시간이 많이 걸리고 준비도 필요하며, 꾸준히 해야 합니다. 특히 책을 선정하는 것부터 가족의 의견을 모아야 하므로 하브루타 독서 토론은 엄마가 전적으로 시간을 낼 수 있는 경우라면 온 가족이 해 보기를 적극 권해 드립니다. 아이가 둘이라면 더 적극적으로 권해 드립니다. 하브루타 독서 토론은 수준 차이가 나거나 나이가 달라도 충분히 할 수 있는 활동입니다.

책을 읽고 하는 토론 수업은 자신의 생각을 정리하고 상대방에게 자신의 생각을 전달하는 말하기 훈련이 됩니다. 이뿐만 아니라 상대방의 의견을 듣는 경청 훈련도 되므로 꼭 하브루타 독서 토론이 아니더라도 책을 읽고 서로 느낌이나 생각, 질문을 나누는 것은 중요한 활동입니다. 말하기는 쓰기와 더불어 나를 표현하는 기본적인 활동이므로 학교에서뿐만 아니라 사회생활에서도 중요한 능력입니다. 아이들이 초등학교를 지나 중고등학교에 가면 자신의 의견을 발표할 기회는 더 부족합니다.

초등학교 아이에게 가장 중요한 것은 재미

요즘 아이들은 재미가 있어야 관심을 보이고 호기심을 가집니다. 게임을 왜 하냐고 물어보면 첫 마디가 "재미있잖아요"입니다. 무엇이든 재미가 있어야 아이들은 계속할 수 있습니다. 책 읽기의 중요성과 효용성을 아무리 이야기해도 아이들은 재미가 없으면 책을 읽지 않습니다. 아이가 흥미로워하는 분야를 충분히 읽도록 허용하지 않으면 아예 책을 읽으려고 하지 않을 수 있습니다. 아이가 읽고 싶은 분야를 충분히 읽도록 허용해 주는 것이 좋습니다. 이 부분에 대해서는 뒤에서 충분히 말씀드리겠습니다. 아이들은 재미가 있어야 지속적으로 읽고 책 읽는 습관도 기를 수 있습니다. 책 읽는 습관을 들이는 최고의 골든타임인 초등학교 시기에, 성급한 결과를 바라는 부모의 조급함으로 인해, 자칫 책을 멀리하게 만들면 안 됩니다.

교감이 먼저다

어릴 때 부모와의 애착 관계가 아이의 정서 발달에 큰 영향을 끼친다는 사실은 일반적으로 잘 알려져 있습니다. 아이들을 가르치다 보면 정서적으로 안정이 된 아이들이 있는 반면 그렇지 못한 아이들도 많이 있습니다. 어쩌면 정서적으로 안정이 안 된 아이들이 점점 더 많아지는 것 같습니다. 이런 아이들은 심지어 과잉 행동 장애 혹은 주의력 결핍 장애 ADHD로 오인되는 경우도 많습니다.

한번은 한 어머니가 중학교 1학년 아들을 데리고 상담을 왔습니다. 담임 선생님이 ADHD인 것 같으니 병원에 가 보라고 해서 속상하고 걱정이 되어 오셨습니다. 아이가 수업 시간에 집중을 못하고 매우 산만하며 아이들과 잘 다투고 선생님한테까지 화를 낸다는 것입니다. 이러면 대부분 주의력 결핍을 의심하며 병원에 가 보기를 권유합니다. 그러면 엄마는 불안감이 높아지고, 아이는 더욱 화를 내고 수업에 집중하지 못하며 심지어 수업을 방해하는 행동까지 합니다. 결국 악순환이 되면서 아이는 더욱더 힘들어합니다. 이럴 때 아이가 왜 그런 행동을 하는지 아이의 말을 듣지는 않고 걱정과 꾸중만 한다면 아이는 더 답답해합니다.

"○○야 학교가 답답하니? 선생님한테 하고 싶은 말 있으면 아무 말이나 해 봐."

아이는 말도 안 하고 이리저리 두리번거리다가 "여기는 다른 학원하고 다르네" 하고는 별 말없이 갔다가 이틀 후 혼자서 다시 왔습니다. 아이는 다른 애들이랑 같이 떠들어도 자신만 혼을 내고, 공부 시간에 재미없는 이야기만 하며, 아이들을 차별하는 선생님이 싫다고 했습니다. 아이가 처음부터 말대답을 한 것도 아닌데 버릇없다고 아이들 앞에서 지적을 당했다고 합니다. 이래저래 선생님이 싫어 수업 시간에 선생님 말을 안 듣고 딴짓하고, 심심하면 옆 친구랑 장난친다고 했습니다. 주의력 결핍이 아닙니다.

정서적 환경 만들기

하브루타 독서 토론이 어렵다면 책을 선정해서 가족이 함께 읽는 것도 좋습니다. 일주일에 한 권을 기준으로 한 달 동안 읽을 책을 아이의 의견도 반영하여 미리 정합니다. 그리고 노트를 마련해서 읽을 책의 제목, 종류를 쓰고 거실에 둡니다. 그곳에 책을 읽으면서 느낀 점, 질문 거리, 의문점, 자신의 생각을 자유롭게 씁니다. 엄마, 아빠, 아이가 모두 한 노트에 씁니다. 아이가 쓴 글 아래에 느낌을 공감해 주는 말이나 생각을 지지해 주는 말을 써 줍니다. 이때 칭찬도 써 주면 좋습니다. 아이들은 말보다 이렇게 엄마, 아빠가 써 주는 따뜻한 글에 더 자존감이 올라갑니다. 마지막으로 4주째에는 온 가족이 모여 이번에 읽은 책에 대한 전체적인 느낌을 말하고 다음 달에 읽을 책을 정하는 시간을 가집니다.

초등학교 저학년이면 이번에 읽은 책과 다른 장르를 선정하는 것이 좋습니다. 고학년인 경우에는 가족 모두 참여도가 높고 특히 아이가 관심을 보이는 분야에서 좀 더 깊이 있게 주제를 다룬 책을 선정해 읽는 것도 좋습니다. 이때 아이가 책을 선정할 수 있도록 아이를 전적으로 믿어 주어야 합니다. 설령 아이가 선정한 책이 좀 부족하더라도 지적하지 말고 아이가 스스로 느낄 수 있도록 하는 것이 좋습니다. 책을 선정하는 능력도 중요하니까요.

번호	책 제목	장르	좋았던 점	아쉬운점	평가
1					아빠/엄마
					○○이
2					

노트 뒷장에 이와 같은 칸을 만들어서 일주일에 한 번 시간을 정해, 읽은 책에 대해 평가하는 시간을 갖습니다. 책의 좋았던 점을 엄마, 아빠, 아이가 각각 한 문장씩 씁니다. 평가는 별 다섯을 기준으로 자신이 주고 싶은 별의 개수를 주면 됩니다. 이렇게 평가를 하다 보면 아이에게 자기 수준에 맞는 좋은 책을 고르는 안목이 생깁니다. 그러므로 초반에 아이가 잘 못하더라도 아이의 평가를 인정하고 기다려 주는 것이 좋습니다. 3개월이나 6개월 기간을 정해서 그동안 아이가 잘했다면 아이에게 간단한 보상을 해 주는 것이 좋습니다.

아이와 추억을 공유하기

《할머니가 남긴 선물》마거릿 와일드을 아이와 함께 읽었다면 책 내용에 나오는 할머니가 남긴 선물은 무엇인가? 할머니는 그 선물을 왜 손녀에게 남겼을까? 할머니가 남긴 선물은 손녀에게 어떤 의미이고 살아가는 데 어떤 도움을 줄까? 이처럼 내용을 찾아보고 이야기를 나누는 것도 좋습니다. 이 기회를 활용해 어머니가 실제 겪은 이야기를 한다면 더욱 효과적입니다. 아이들은 이야기 책의 내용도 재미있어 하지만 엄마의 어렸을 적 이야기를 듣거나 자신의 아기 때 이야기일화 듣는 것을 매우 재미있어 합니다. 엄마는 할머니한테 어떤 선물을 받았을 때 가장 기뻤는가, 초등학교 때 받고 싶었는데 받지 못한 선물이 있다면 무엇인가, 지금 엄마가 받고 싶은 선물은 무엇이고 누구에게 받고 싶은가, 엄마가 할머니에게 드리고 싶은 선물은 무엇인가, 왜 그 선물을 드리고 싶은가. 엄마가 생각하는 가장 아름다운 선물은 무엇인가. 이런 이야기를 하다 보면 아이 또한 자신이 받고 싶은 선물을 이야기하고 선물의 의미를 되새기게 됩니다.

이런 과정을 통해 아이가 받고 싶은 선물을 자연스럽게 알고 더불어 아이의 속마음도 알게 됩니다. 아이가 받고 싶은 선물을 기억해 두었다가 생일이나 어린이날 또는 아이가 정말로 사랑스러울 때 정성껏 준비해 준다면 아이는 더욱 좋아할 것입니다. 자신이 원하는 것을 부모가 인정하고 기억해 줘서 고마움을 느낄 것입니다. 이는 책을 함께 읽으며 얻는 귀한 선물입니다.

물리적 환경 만들기

정서적 환경에서 설명한 방법을 잘 지키기 위해서는 물리적 방법이 병행되어야 좋은 효과를 볼 수 있습니다. 지속적이고 규칙적으로 시간을 정해서 하는 것입니다. 초등학교 저학년일수록 짧은 시간이라도 매일 하는 것이 좋습니다. 책을 다 읽었다면 다시 한번 더2회독 하도록 하면 됩니다. 슬로 리딩은 무조건 천천히 읽는 것을 의미하는 것이 아니라 한 권의 책을 여러 번 읽으며 책의 내용과 관련하여 활동도 해 보고 지난번에 미처 생각하지 못한 것을 발견하면서 읽는 것을 말합니다. 같은 책을 2회독 3회독 하는 것은 좋은 방법입니다. 슬로 리딩의 효과는 양적인 독서가 아니라 질적인 독서를 위한 것입니다.

엄마 아빠 아이가 다 모일 수 있는 시간을 정해서, 하루에 30분이라도 다 같이 정해진 책을 또는 각자 자신이 원하는 책을 읽는 시간을 규칙적으로 갖는 것입니다. 이렇게 6개월만 해 보세요. 그 시간이 되면 뇌 또한 책을 읽을 준비를 하고 집중도 더 잘 됩니다. 이렇게 1년을 하고 나면 자연스럽게 책 읽기를 하게 됩니다. 1년 정도 습관을 들여 평생 습관으로 가져갈 수 있다면 이보다 더 좋은 것이 있을까요? 이때 가족이 다 같이 하는 독서를 기록하는 노트 한 권과, 자신이 읽는 책을 기록하는 노트 한 권을 만들어 기록하면 좋습니다. 그러면 자연히 쓰기 훈련이 됩니다. 아이에게 이보다 좋은 독서 기록장은 없습니다. 책을 읽으면 단순히 읽고 끝내지 말고 반드시 기록하는 습관을 기르도록 하세요. 길이나 형식에 얽매이지 말고 편안하게 기록하면 됩니다. 처음부터 정한 시간을 너무 엄격히 지키게 하는 대신 15분부터 시작하여 서서히 늘려갈 수 있도록 아이를 지지해 주세요.

또한 한 달에 한 번 정도 온 가족이 서점에 가서 새로 나온 책을 둘러보고 아이가 고른 책을 사주는 것도 좋습니다. 아이가 고른 책에 대해 지나치게 평가하거나 개입하지 말고 아이의 선택을 존중해 주세요. 아이가 책을 고른 이유를 들으면 아이의 취향과 관심사를 알 수 있는 좋은 기회입니다.

주말을 이용하여 동네 도서관에 가서 온 가족이 책을 읽는 것도 물리적 환경을 만드는 데 좋습니다. 집에서 읽을 때보다 집중이 잘되고 자신이 읽고 싶은 책도 마음껏 읽을 수 있으니까요. 자신이 책을 고르고 대여해서 보는 습관은 책과 친해지는 아주 좋은 방법입니다. 작은 책방 나들이 계획을 세워 보시면 좋을 듯합니다. 요즘은 개성 있는 작은 책방들이 많으므로 새로운 경험도 될 수 있습니다. 무엇보다 책과 관련 있는 환경을 자주 경험하고 즐기는 것이 책 읽기와 친해질 수 있는 물리적, 정서적 환경을 만드는 데 중요합니다.

초등학교 때는 짧은 시간이라도 자주, 매일 독서를 하는 습관이 가장 좋은 방법이라고 생각합니다. 저는 자녀들이 초등학교에 다닐 때 아이들을 가르치던 공부방을 따로 두었습니다. 항상 그곳에서 수업을 준비하고 책 읽기를 했습니다. 그 방에서 아이들이 레고를 가지고 놀고 숙제도 하게 했습니다. 그러니까 어느덧 아이들은 책꽂이에서 책을 가져와 책을 읽곤 했습니다. 책을 읽는 공간을 환경으로 설정한 것이지요. 이때 아이들이 읽는 책에 대해서, 저는 독서 선생임에도, 간섭하거나 제가 읽히고 싶은 책을 읽도록 강요하지 않았습니다. 책을 읽어야 할 시간도 정하지 않았습니다.

가족이 함께 책을 읽을 때는 같은 장소를 정해서 항상 그곳에서 읽는 것이 좋습니다. 식탁이나 거실의 책상 등 가족 공동의 장소에서 함께 읽는 것이 좋습니다. 평소에 아이는 아이 방에서 엄마는 식탁에서 아빠는 방에서 이렇게 각자 흩어져서 읽더라도 같이 책을 읽기로 정한 시간에는 같은 장소에서 읽는 것이 좋습니다.

눈은 생각보다 정확하지 않다

'실질적 문맹'이라는 말이 유행하고 있습니다. 글자를 읽을 줄 알지만 글이나 긴 텍스트를 이해하지는 못한다는 뜻입니다. 일파벳을 안다고 영어에 통달한 것은 아니듯이, 한글은 알지만 딱 거기까지인 아이들이 있습니다. 어떤 아이는 몇 글자를 빠뜨리고 읽거나 적혀 있는 어휘를 다르게 읽고 내용을 오해하기도 합니다.

초등 1~2학년, 소리 내어 읽기의 중요성

처음 아이가 "엄마" "맘마"를 했을 때의 놀라움과 경이로움은 이루 말할 수 없습니다. 하물며 딱히 가르치지 않았는데 아이가 한글이나 숫자를 읽게 되면 엄마는 아이가 머리가 좋은 게 아닌가? 언어에 타고난 능력이 있는 것 아닌가 하고 내심 기뻐할 수 밖에 없습니다. 그리고 아이가 한글을 빨리 배울 수 있도록 합니다. 그렇지 않더라도 주변에서 한글을 읽는 아이들을 보면 내 아이도 한글을 빨리 익히기를 원하는 마음이 생깁니다. 그래서 한글 익힘 카드를 사용하기도 하고 5, 6세가 되면 본격적으로 한글 공부를 시킵니다. 한글을 일찍 깨우치면 아이 혼자서 책을 읽을 수 있으니, 엄마들은 자녀의 조기 한글 공부를 원하는것 같습니다. 엄마가 바쁠 때 책 읽어 주는 부담에서 벗어나고 아이 혼자 많은 책을 읽기를 바랍니다. 그러나 아이에게 책 읽어 주기는 적어도 초등학교 1, 2학년까지는 계속하는 게 좋습니다. 대신에 엄마가 일방적으로 책을 읽어 주는 것이 아니라 한쪽을 엄마가 읽으면 다른 한쪽은 아이가, 이런 식으로 번갈아 읽으면 좋습니다.

눈으로는 읽는데 소리 내어 읽기가 정확하지 않은 아이들

유아 때는 엄마가 읽어 주는 책을 듣기만 하지만 글을 읽을 수 있게 되면 소리 내어 읽지 않고 눈으로 혼자 읽습니다. 소리 내어 읽는 시기는 놓치기 쉽습니다. 그래서 말을 곧잘 하는 아이들도 책을 소리 내어 읽으라고 하면 잘 읽지 못하는 아이들이 의외로 많습니다. 심지어 중학생 중에 제대로 끊어 읽기와 정확한 발음으로 읽기가 안 되는 아이들이 종종 있습니다. 이런 아이들은 텍스트를 읽을 때 발음이 부정확할 뿐만 아니라 글자를 빠뜨리거나 틀리게 읽기도 합니다. 쓰인 어휘를 틀리게 또는 다르게 읽고 넘어가는 것은 내용 이해에 영향을 미치는 심각한 문제입니다. 평소에 말을 잘하고 글자를 읽을 줄 아니 소리내 읽기도 잘할 거라고 생각할 수 있지만 그렇지 않습니다. 그래서 초등학교 1학년 때는 엄마와 함께 소리 내어 읽기를 하면서, 책을 같이 읽는 것이 좋습니다. 그러면 아이가 정확하게 읽도록 자연스럽게 훈련할 수 있습니다.

책을 아이와 함께 소리내 읽으면 엄마도 아이에게 질문하고 아이도 엄마에게 궁금한 것을 물어볼 수 있어 좋습니다. 이 나이 때는 모르는 것이 있어도 스스로 답을 찾아 알아가는 것이 미흡합니다. 아이가 의문점이나 호기심이 생겨 물으면 바로 해결해 주는 것이 좋습니다. 이때 엄마가 간단하게 답을 알려 주는 것보다는 아이와 봤던 책을 통해 노는 다른 자료를 통해 의문점을 해결하는 방법을 보여 주면 좋습니다.

아이 혼자 읽게 하면 모르는 것이 나와도 그냥 넘어가는 경우가 대부분입니다. 그러나 함께 소리 내어 책을 읽으면 집중도 잘하고 묻고 답하는 과정을 통해 말하기 훈련도 자연스럽게 됩니다. 기본적으로 질문을 잘 하지 않는 아이들은 어쩌다 질문을 해도 자신의 생각을 상대방에게 잘 표현하지 못합니다. 책을 함께 읽으면서 책의 내용을 매개체로 자신의 생각을 말하면, 비교적 쉽고 다양한 내용을 다룰 수 있습니다. 이때 아이가 생각을 자유롭게 말할 수 있도록 엄마가 판단이나 평가를 하지 않는 것이 좋습니다. "우리 ○○이는 그렇게 생각하는구나! 왜 그렇게 생각하는데?"와 같이 물으면서 아이를 지지하고, 자신의 의견에 대해 타당한 근거를 제시하도록 훈련을 시키는 것이 좋습니다. 엄마에게 다른 생각이 떠오르면 "엄마는 다르게 생각하는데 한번 들어 볼래?" 이렇게 하면 아이의 생각이 틀린것이 아니라 사람마다 다르게 생각할 수 있다는 것을 자연스럽게 가르칠 수 있습니다. 아이가 어릴 때 엄마가 책을 읽어 주며 듣기 훈련을 시켰다면, 책을 함께 소리 내어 읽기는 말하기 훈련을 시키는 좋은 방법입니다.

소리 내어 읽고 서로 이야기를 나누다 보면 집중력도 좋아집니다. 요즘 아이들은 ADHD가 아니더라도 많은 경우 집중력이 약하고, 가만히 앉아 차분하게 무엇을 하는 것을 힘들어합니다. 태도가 산만하지 않아도 정신이 산만하고 자꾸 딴 생각을 하는 아이들이 많습니다. 그런 아이들은 학교에 가서도 수업 시간에 집중하지 못합니다. 수업 시간을 답답해하고, 산만한 아이들이 많습니다. 선생님도 통제하지 못합니다. 더욱이 예전처럼 모두 앞에 있는 선생님을 바라보고 선생님 말씀에 집중하는 수업이 아니고 그룹 활동과 협업 활동이 많다 보니 산만한 아이들은 더욱 산만해지고 제 영역을 벗어나 돌아다니기는 아이들도 나옵니다. 그런 아이들은 수업 시간에 하는 활동의 역할과 목적을 놓치고 딴짓을 합니다. 수업 시간에 집중하는 것은 선생님의 설명을 들을 때뿐만 아니라 모든 학교 생활에서 중요한 능력입니다. 아이가 산만한 것은 탓하고 지적한다고 해서 고쳐지는 것이 아닙니다. 몸으로 직접 바른 태도를 익히고 적극적으로 생각하는 습관을 들이는 것이 필요합니다.

지금 교실에서는 무슨 일이 벌어지고 있을까?

요즘 아이들 교육 과정을 살피다 보면 "내가 학창 시절에 공부 좀 했지"라고 자부하던 학부모들도 당황하고는 합니다. 과거와는 너무도 달라진 학습 내용에 처음 보는 평가 방식이 등장하기 때문입니다. 2022년의 교실에서 수업의 주체는 교사가 아닌 학생입니다. 이제는 지식을 암기하게 하는 것만으로 학생의 역량을 기를 수 없습니다.

우리 아이의 성향부터 파악하자

아이들은 학교 수업 시간에 여러 가지를 배우며 자신을 돌아보고 성장을 위한 준비를 합니다. 그런데 엄마들은 아직도 우리 아이가 어리기만 하고 제대로 할 수 없을까 봐 여전히 아이 손을 꼭 잡고 놓아주지 못하는 경우가 많습니다. 물론 아이도 엄마 손을 놓는 것이 불안하고 두려워 더욱 그러쥐게 됩니다. 그러나 곧 그러쥔 손을 놓아야 한다는 것을 알게 됩니다. 엄마도 아이가 넓은 세상으로 나아가도록 그러쥔 손을 놓아야 합니다. 그러나 그것이 쉽지 않아 시린 몸을 새벽 강에 뒤챕니다. 엄마는 엄마의 자리로 돌아와야 합니다. 그래야 비로서 엄마도 아이도 성장하는 것입니다. 성장은 저절로 되는 것은 아닙니다. 용기와 결단 그리고 시린 몸을 겪어야 하는 것입니다.

공부나 책 읽기를 시킬 때 아이의 성향에 맞게 해야 아이가 힘들지 않고, 엄마나 교사도 힘들지 않습니다. 제가 30년을 넘게 아이들을 가르치면서 힘들지 않고 재미있었던 것은 제 성향도 있지만 아이들 성향을 파악하여 수업을 했기 때문입니다. 성격이 전혀 다른 두 아들을 키우면서 화가 나거나 갈등이 없었던 것도 아이의 성향에 맞춰 생활했기 때문이라고 생각합니다. 그러나 아이를 옆집 아이와 비교하거나 내가 원하는 대로 기르려고 하면 아이와 갈등이 심해지고 아이 키우는 일이 힘들 수 있습니다.

성격 유형 검사를 통해 우리 아이의 성격을 알 수도 있지만 이런 검사를 통해 아직 자아 정체성도 정립되지 않은 초등학생을 성급하게 속단하고, 모든 경우를 검사에 의존해 판단하고 평가하는 것은 좋은 방법이 아닙니다. 이런 성격 검사가 중요하다는 이야기를 하려는 것이 아닙니다. 다만 성격에 따라 같은 이야기를 해도 더 예민하게 받아들이고 상처를 받는 아이가 있는가 하면 오히려 동기 부여를 받는 아이도 있다는 것입니다. 특히 책 읽기와 공부는 아이의 마음이 움직여 스스로 해야 성과를 기대할 수 있기 때문에 아이의 성향을 파악하는 것은 중요합니다. 엄마들은 형제나 자매가 서로 다르다는 것을 받아들이기 힘들어하고 의아해합니다. 그런데 아이들을 많이 가르치다 보면 형제간에 또는 자매간에 성격이 비슷한 경우는 드뭅니다. 발달 속도 또한 아이에 따라 많이 다릅니다. 이런 모든 것을 고려하여 책 읽기를 시키고 공부를 시켜야 합니다.

어설퍼 보인다고 모든 것을 해줄 수는 없듯이

초등학교 때 아이가 어리다고 학교 준비물부터 가방 챙기는 것까지 다 해 주는 엄마들이 많이 있습니다. 물론 아이가 하도록 놔두면 느리고 어설프고 거기다 빠뜨리는 것도 많습니다. 그래서 엄마가 나서서 해 주는 게 효과적이라고 생각합니다. 그러면서 고학년이 되면 자기 스스로 할 수 있을 것이라고 위안을 삼습니다. 그런데 "세 살 적 버릇 여든까지 간다"라는 속담은 진리인 듯합니다. 중학생들 수업을 해 보면 가져와야 할 노트나 책을 빼먹고 오는 경우가 흔합니다. 더구나 시험 기간에는 챙겨야 할 것들이 더 많은데 제대로 챙겨오는 아이들은 소수입니다. 그리고 잘 챙기지 못하는 아이는 매번 같은 실수를 합니다. 더구나 엄마가 빼먹었다고 엄마 핑계를 대는 아이들도 종종 있습니다. 심지어 숙제를 해 놓은 노트를 안 챙겨 오는 경우도 있고요. 그러고는 엄마한테 전화해서 오늘 수업할 책 또는 노트를 갖다 달라고 합니다. 이런 일들이 아무것도 아닌 것 같지만 그렇지 않습니다. 자기주도 학습 능력과 아주 밀접합니다.

2015 교육과정은 자주적인 사람을 인재상으로 추구하며 자기 관리 역량을 제시하고 있습니다. 이런 인재로 키우려면 초등학교 때부터 준비물을 챙기고 가방 정리를 하는 방법을 가르쳐주고 아이가 스스로 할 수 있도록 초등학교 1학년부터 훈련을 해야 합니다. 준비물을 챙기고

가방을 싸면서 내일 학교에 가서 무엇을 배우고 어떤 활동을 할 것인지 생각을 하기 때문에 그 자체가 공부입니다. 혹여 남자 아이들은 더 못할 거라고 생각하지 마세요. 개인 차이일 뿐입니다. 작은 것부터 자신의 일은 자신이 하도록 해야 합니다.

중학교 2학년인 한 남자아이는 모든 것을 엄마가 챙겨 주는 아이입니다. 심지어 시험 때는 사회 같은 과목은 엄마가 교과서를 정리해 주고 시험 공부할 과목 시간표까지 다 짜줍니다. 그리고 항상 집에서 같이 공부합니다. 엄마가 오늘 이거 하라고 하지 않으면 무엇을 해야 하는지조차 모릅니다. 중학교 때는 시험 범위가 적고 학교에서 배운 내용과 교과서 내에서 시험 문제가 나오니 성적이 잘 나옵니다. 시험 때가 되면 엄마가 더 긴장하고 공부도 더 많이 합니다. 엄마가 교과서를 읽고 정리해 주면 아이는 엄마가 정리해 준 것만 보면 되니까요. 아이는 충분히 혼자 할 수 있는 아이인데 엄마가 손을 놓지 못합니다. 아이가 고등학교에 올라가서까지 계속 이러면 안 된다는 것을 엄마 역시 압니다. 그러나 이번만 이번만 하면서 끝내 손을 놓지 못하고 아이는 편안함에 익숙해집니다.

책 읽기도 아이에게 주도권을 넘겨라

아이에게 주도권을 넘긴다는 것은 아이가 다 알아서 하도록 내버려 두라는 것은 아닙니다. 책을 읽히는 방법과 엄마가 만들어 주어야 하는 환경에 대해서는 앞에서 말씀드렸습니다. 아이가 책 읽는 것과 관련해 모든 것을 관여하지 말라는 것은 아닙니다. 올바른 습관을 잡아 주고 아이가 도움을 요청하면 도와주어야 합니다. 그러나 아이가 읽고 싶은 책이 있는데 엄마의 계획대로만 책을 선정해서 읽도록 한다든지 아이가 책 읽을 시간에 다른 것을 하게 두는 것은 좋지 않습니다. 처음에 아이가 무엇을 읽어야 할지 모를 때는 교과서 뒤에 실린 작품을 최우선으로 읽게 합니다. 서울시 교육청이나 독서 단체들에서 추천하는 책 목록을 살펴보고 아이 수준에 맞고 아이가 흥미를 보이는 분야부터 읽히도록 합니다.

2015개정 교육과정에서 추구하는 인재상을 보면 우리 아이이게 주도권을 넘겨야 하는 이유는 분명해집니다. 과거에는 교사가 수업의 주체였고 지식을 전달하는 주체였습니다. 그러나 이제는 지식을 암기하는 것으로 학생의 역량을 기를 수 없습니다. 그래서 수업의 주체가 학생으로 넘어온 것입니다. 문제를 발견하고 해결해 가는 과정을 학생이 스스로 하도록 하고 학생의 참여 시간을 늘리고 교사가 설명하는 학습 내용은 오히려 줄었습니다. 양적으로 많이 암기하는 것이 적합하지 않다고 보는 것입니다.

국어 교과서만 봐도 과거의 교과서보다 설명이 현저히 줄었습니다. 그리고 아이들이 직접 해볼 수 있는 활동들이 많이 들어가 있습니다. 활동 중에도 특히 계획 세우기, 예측해 보기 같은 부분이 강화되었습니다.

이해와 탐구를 통해 지식을 넓힌 다음 반드시 문제 해결과 적용해 보기를 할 수 있는 활동들이 전 과목에 들어가 있습니다. 이것은 단지 배우는 데서 그치지 않고 문제를 발견하고 해결해 보는 과정을 통해 창의성을 기르도록 하려는 데 목적이 있는 것입니다. 이런 일련의 과정은 선생님이나 부모가 대신 해줄 수 있는 것이 아닙니다. 아이 스스로 능동적으로 생각하고 적극적으로 참여함으로써 되는 것입니다. 어려서부터 자신의 일은 자신이 하도록 지켜봐 주세요. 엄마가 대신해 주면 아이를 무기력하게 만들 뿐입니다.

수십 년간 '문해력'을 보지 않은 대입은 없었다

초등학교는 문해력의 기본을 다져야 하는 중요한 시기입니다. 중고등학교 때는 좋은 책을 많이 읽으며 그 능력을 더욱 키워나가야 하는 시기고요. 수십 년 동안 입시 제도와 교과 과정이 수없이 바뀌었지만 단한 가지는 변하지 않았습니다. 모든 시험과 평가의 중심에 '문해력'이 있었다는 사실입니다.

습관을 들이는 중요한 시기

초등학교 때 읽고 쓰고 말하기 훈련이 되어야 합니다. 이것은 문해력의 기초가 됩니다. 초등학교는 독서 습관을 들이는 데 있어 가장 중요한 시기입니다. 이때 독서 습관이 들지 않으면 학년이 올라갈수록 힘들어집니다 초등학교 때 독서 습관이 들었더라도 계속해서 책을 읽지 않으면 금방 무너질 수 있습니다. 왜냐하면 같은 책을 반복해서 읽는 것이 아니고 난이도는 높아지고 다양한 분야의 책을 읽어야 하기 때문입니다. 초등학교 때는 정확하고 바르게 읽는 습관이 중요합니다. 바르게 읽기는 모든 읽기의 기본이자 학습의 기본이 됩니다. 바르게 읽기가 되어야 유추와 추론도 가능하고, 나라면 어떻게 하겠는가 하고 적용도 해볼 수 있습니다. 책 읽기를 통해 문해력을 길러야 문제 해결력을 기르고 창의력도 키울 수 있습니다.

저학년 때는 책을 잘 읽다가 4학년이 되면 학습에 대한 부담감이 늘어나 책 읽기를 소홀히 하기 쉽습니다. 책은 바르게 읽고 꾸준히 읽어야 중고등학교에 가서도 읽게 되므로 이 시기에 책 읽기를 소홀히 해선 안 됩니다. 이때는 책의 두께나 내용에 부담감을 갖는 아이들이 생깁니다. 아이가 만화책을 주로 읽거나 읽었던 책만 계속 읽으려 한다면 책에 대한 부담감 때문에 그럴 수 있습니다. 이럴 때는 아이가 좋아하는 분야의 책을 읽으며 책에 관심을 갖도록 합니다.

고학년이 되었다고 저학년 때 읽던 책을 전부 치울 필요는 없습니다. 특히 아이가 좋아하는 책은 아이와 이야기를 해본 후에 정리하는 것이 좋습니다. 아이들은 다 아는 내용도 여러 번 반복해서 봅니다. 엄마 입장에서는 새로운 책을 읽기를 바라지만 아이들은 다릅니다. 매번 다른 재미를 느끼고 책에 대해 좋은 감정을 갖게 됩니다. 초등학교 때는 독서 습관을 들이는 중요한 시기입니다. 그런데 제대로 읽었을까 하는 의구심 때문에 엄마가 사실 확인에 집중하면 아이는 책에 대한 흥미를 잃게 됩니다. 혹시라도 아이가 읽은 책의 내용을 잘 모를 때 엄마가 지적을 하면 여러모로 좋지 않습니다. 초등학교 때는 책을 재미있게 읽으면서 책 읽기 습관을 들이는 것에 집중하는 게 좋습니다.

중고등 공부와 문해력

중학교 때 책을 읽지 않으면 읽는 속도는 물론 이해력도 떨어집니다. 그렇게 되면 고등학교 때는 더욱더 책을 읽지 못합니다. 중고등학교 때 책을 읽지 않으면 사고력 향상에 한계가 있습니다. 중학생이 되어 학과 공부와 선행 학습에 시간을 할애하다 보면 책 읽기는 뒷전으로 밀려납니다. 그래서 수행평가나 독서 경시대회 때나 겨우 읽게 됩니다. 그마저도 책 읽기가 만만치 않고 시간도 없어서 대충 읽게 됩니다. 특히 고등학교에서 하는 교내 독서 경시대회 때 읽는 책은 중학교보다 난이도가 높고 따로 시간 내서 읽기가 부담스러울 정도로 두껍습니다. 그래서 읽는 아이들만 읽지 대부분은 안 읽습니다. 아이들의 독서 수준은 초등학교 때보다 중학교 때 차이가 더 벌어지기 시작하고, 고등학교 때가 되면 급기야 책 읽는 학생은 소수에 불과하게 됩니다.

중학교 교육과정은 바르게 읽기에 치중하면서 사고력을 기르는 것을 학습 목표로 하기 때문에 꾸준히 책을 읽어야 합니다. 문해력을 기르기 위해서도 책 읽기는 중고등학교 때 매우 중요합니다. 고등학교 교육의 목적은 사고력에 특히 중점을 둡니다. 그래서 중학교 때 책을 꾸준히 읽어야 합니다. 학기 초에 독서 목록이 나오면 독서 계획을 세우는 것이 중요합니다. 독서 계획은 구체적으로 세우는 것이 좋습니다. 주말을 이용하여 시간을 정해 놓고 책을 읽습니다. 읽을 책을 학기별로 정해 놓습니다. 방학 때는 별도의 계획을 세웁니다. 방학 때는 평소에 읽기가 부담스럽거나, 관심 분야와 관련된 책을 읽으면 좋습니다. 책을 읽은 후에는 중요한 내용을 정리하고, 내 생각과 책이 나에게 끼친 영향 등을 정리합니다. 이때 내가 특히 깊이 알고 싶고 관심이 가는 분야는 스스로 찾아서 읽으면 좋습니다. 독서와 관련된 학교 행사에 적극적으로 참여합니다. 그러면 책을 좀 더 정교하게 읽고, 글 쓰는 훈련을 하는 계기도 됩니다. 무엇보다 책에 대한 관심을 놓지 않는 것이 중요합니다.

고등학교 1학년 때는 다양한 독서를 하면서 진로를 탐색해 보고, 진로가 정해지면 2학년부터는 진로와 관련된 책을 깊이 있게 읽으면 좋습니다. 학생부에 기록할 책은 특히 자세히 읽고 정리해 두어야 합니다. 읽은 책을 쭉 나열하는 것이 아니라 앞서 읽었던 책과 관련하여 다음 책을 선택한 이유 등 연계성을 갖는 것이 좋습니다. 역사, 사회, 생활과 윤리, 도덕과 같은 교과 수업 시간에 제목만 소개된 책을 읽어 보는 것도 좋은 방법입니다. 이는 학과 공부를 좀 더 깊이 있게 능동적, 주체적으로 공부하는 태도이며 학습 내용을 이해하는 데도 많은 도움이 됩니다.

아무리 입시 제도와 교과 과정이 변해도 독서는 여전히 공부의 기본입니다. 책 읽기가 습관이 되면 문해력이 길러지고 이해력은 더 좋아져 선순환이 이어집니다. 책 읽기를 초등학교 때까지만 하고 중고등학교 때는 소홀히 하면서 독서 효과를 기대하는 것은 무리입니다. 30년 이상 초·중·고 학생들을 가르치면서 변화하는 입시 제도를 경험해 보니, 전국 국어교사모임 독서교육분과의 송승훈경기 광동고 선생님이 한 말에 전적으로 동의하게 됩니다. 선생님은 "아무리 입시 제도와 교과 과정이 변해도 독서는 공부의 기본"이라고 했습니다. "어떤 과목의 지식이든 지문을 이해하고 추론하는 과정을 거쳐야 내 것이 되므로 독서의 중요성은 아무리 강조해도 지나치지 않는다."라고 독서의 중요성을 강조합니다.

야구 선수가 타격법을 바꾸겠다고 생각해 '그래, 이렇게 하면 돼.' 하고 머릿속으로 인식했다고 해서 경기에서 바로 그런 자세와 행동이 나올 수 있을까요? 더구나 상황은 자신이 생각한 대로 전개되지 않습니다. 새로운 타격법으로 계속 반복 연습하고 체화하여 실제 경기에서 실행해야 자기 것이 됩니다. 더욱이 학년이 올라갈수록 더 깊은 사고력과 추론을 요구하는 학교 공부에서 이런 반복된 사고 과정 없이 단숨에 성과를 기대하기란 어렵습니다.

전문가들은 당장 입시를 치르는 고등학교 3학년이 아니라면 더 넓고 멀리 보고 책을 읽어야 한다고 조언합니다. 이화여대 국어교육과 서혁 교수는 "인공지능이 인간의 삶 깊숙이 침투하는 시대에는 다양한 정보로 새로운 지식을 만드는 창의력이 중요해질 것"이라며 "아무리 아이큐가 높아도 많이 읽고 고민하고 생각하는 자의 창의적인 아이디어를 따라갈 수 없다."라고 말했습니다. 창의력은 특별한 '능력'이 아니며 '연습'을 통해 기를 수 있다는 것입니다. 서 교수는 "헬스장에서 근육을 단련하는 것처럼 독서를 통해 두뇌 근육을 발달시키면 이것이 누적돼 시공간을 초월한 사고력이 길러진다."고 강조했습니다. <중앙일보> 2017. 2. 28.
윤혜연 기자

독서가 두뇌 근육을 키우는 가장 적합한 방법이기는 하지만 꾸준히 할 때만 효과가 납니다. 벼락치기로 한다고 공부 근육이 생길까요? 그렇지 않습니다. 책 읽기가 습관이 되면 가속도가 붙어 더 많은 책을 읽게 됩니다. 이해력은 더 좋아져 계속해서 선순환으로 이어집니다. 그래서 초·중학교 때 꾸준히 책을 읽은 아이는 고등학교에 가서도 시간이 없거나 다른 공부에 방해가 된다는 이유로 책을 못 읽는 일이 없습니다. 오히려 관심 분야나 필요한 책들을 꾸준히 읽으며 자신의 영역을 넓힐 수 있습니다. 이것은 대학 입시에서 만점을 받은 아이들이 한결같이 하는 말입니다. 고등학교 3년 동안 책을 안 읽은 아이들과 읽은 아이들의 격차는 더 벌어집니다.

중학생들에게 조너던 스위프트의 《걸리버 여행기》를 읽자고 하면 다 아는 내용이라고 합니다. 생생한 영화로 본 아이들은 차치한다 하더라도, 초등학교 때 안 읽어 본 아이들이 거의 없습니다. 더구나 읽지 않아도 무슨 내용인지 다들 알고 있습니다. 그러니 다시 읽자고 하면 아예 관심을 두지 않습니다. 표지에 '무삭제본'이라고 쓰여 있는 두툼한 책을 보여 주며 이 책을 읽어 보자고 하면, 아이들은 의아해하며 약간의 호기심을 보입니다. 자기들 나름대로의 '무삭제'를 상상하며 "왜 무삭제로 읽어요?" 심지어 "그래도 돼요?" 하고 킥킥 웃는 아이들도 있습니다. 아이들은 소인국, 거인국의 이야기를 하며 다 아는 내용이라고 합니다. 그러나 "책에는 3부, 날아다니는 섬과 4부, 말의 나라가 더 있어. 그래서 읽자고 하는 거야."라고 말하면 관심을 보이기 시작합니다. 중학생 아이들은 책을 읽으며 소인국에서 달걀을 위쪽으로 깨느냐 아래쪽으로 깨느냐로 전쟁이 벌어졌다는 내용에 신기해하고, 이 책이 인간의 어리석음을 풍자한 소설이라는 것에 놀라워합니다. 초등학교 때는 미처 몰랐던 사실들을 발견합니다.

책의 3부에 나오는 '라퓨타'라는 날아다니는 섬에는 골똘히 생각만 하고 사는 인간들이 나옵니다. 그들은 음악과 기하학적인 수학에만 골몰합니다. 온갖 어처구니없어 보이는 연구들만 합니다. 4부에서 걸리버는 '휴이넘'이라는 말의 나라에 가게 됩니다. 인간은 '야후'라고 불리는데 더없이 추악하고 더럽고 포악한 동물로 묘사되어 있습니다. 인간을 동족과 다른 생물에게 잔인한 짓을 하는 동물로 묘사함으로써, 인간이 이성적인 주체로서 살아 가야 하는 이유를 생각하게 합니다.

여기까지 읽고 나면 아이들은 책을 자기 수준에서 편협하게 이해했다는 것을 알게 됩니다. 그러면서 왜 고전을 읽어야 하는지 깨닫습니다. 책을 좀 더 많이 읽은 아이들은 17세기 영국 사회를 풍자한 이 소설과 오늘날 우리 사회를 비교해 보기도 합니다. 라퓨타의 이상한 나라에서 이상함을 정상으로 보고 실생활에 접목시키지 못하는 학문의 폐해와, 몇몇 과학자들이 전통을 거부하며 세상을 피폐하게 만들어 가는 모습을 오늘날 우리 사회와 비교해 봅니다. 고등학생들은 '럭낵'의 죽지 않는 사람들을 통해 현대 과학이 추구하는 인간의 수명 연장에 대한 생각도 하게 됩니다. 《걸리버 여행기》는 단지 수명을 늘린다고 행복지수가 올라가지 않는다는 것을 적나라하게 보여 줍니다. 오래 사는 것이 축복이 아니라 재앙이라고 하면서도 장수에 대한 미련을 버리지 못하는 인간의 끝없는 욕심과 집착을 풍자하고 있다는 것을 알게 됩니다.

아이들은 《걸리버 여행기》를 읽고 나서 초등학교 때 읽은 걸로 이 책을 읽었다고 말하면 안 되겠다고 이구동성으로 말합니다. 그만큼 아이들의 생각이 깊어졌기에 가능한 일입니다. 같은 책을 읽으면서도 아이들이 생각할 수 있는 사고의 폭이 이렇게 다릅니다. 책을 읽지 않고 문해력을 기르지 않았다면 이런 사고의 확장은 쉽지 않습니다.

2부

문해력 기르는 법, 교과서에 다 있다

1학년 읽기란 무엇인지 배워보자

1학년 무엇을 준비해야 할까?

초등학교 1학년은 정식으로 읽기를 배우는 시기라고 할 수 있습니다. 그동안 집에서 엄마가 책을 많이 읽어 주고 글자를 빨리 터득한 아이들은 혼자서도 책을 읽게 됩니다. 그러나 이제는 자신이 좋아하는 것만 하는 게 아니라 학교가 정해 놓은 규칙과 선생님, 친구들과의 상호작용 속에서 생활하면서 학습을 해야 하는 새로운 환경에 놓이게 됩니다. 어린이집이나 유치원을 보내 보면 아이가 새로운 환경에 잘 적응하는 것이 얼마나 고마운 일이고 대견한 일인지 알게 됩니다. 학교는 아이에게 요구하는 것이 많고 수행할 역할도 다양합니다. 학습에 대한 부담도 있습니다. 그래서 엄마들이 이런저런 계획을 가지고 아이를 이전과 다르게 대하고 생활 습관들을 고쳐 보려고 하지만 아이들은 학교라는 생소한 환경에 적응하기조차 힘이 듭니다.

큰 아이 유치원 입학식에서 연세 많으신 원장 선생님이 하신 말씀이 지금도 생생합니다. "어머니들, 유치원에 입학했다고 이제부터 많은 것을 배울 거라고 생각하지 마세요. 우선 선생님과 친구들과 편안하게 잘 지내는 것이 중요합니다. 그리고 엄마, 형제, 자매들과 잘 지내던 아이들은 유치원에 와서도 잘 지냅니다. 집에서 떼쓰는 아이들은 유치원에서도 그러더라구요. 등원 때마다 엄마와 아이가 진을 다 빼고 유치원에 와서 친구들과 불화를 일으키는 아이는 유치원이 재미있을 수 없습니다." 집에서 잘 지내지 못하는 아이들은 선생님과 친구들과 함께하는 활동에도 집중할 수 없다는 말씀을 우회적으로 한 것이지만 정확한 지적이라고 생각합니다. 이와 비슷한 말을 아이가 초등학교에 입학했을 때 담임 선생님도 말씀하셨습니다. 아이가 생각하기에 선생님은 또 다른 부모^{어른}이기에 엄마와 잘 지내는 아이는 선생님한테 질문도 잘하고 학교 생활도 잘한다고 하셨습니다.

무엇보다 1학년은 학교 생활에 잘 적응하고 편안하게 생활할 수 있도록 정서적 보살핌이 더욱 중요하다고 생각합니다. 교과서를 살펴보면 일반적으로 선생님으로부터 배우는 지식보다 친구들과 함께 활동하고 역할을 나누어 하는 것들이 대부분입니다. 학교 생활이 즐겁고 자신의 역할을 잘 해내기 위해 친구들과 잘 지낼 수 있도록 관심을 가지고 가르쳐야 합니다. 정서적으로 안정이 되고 자존감이 높은 아이들이 이런 활동에 능동적으로 참여하게 됩니다.

1학년 소리 내어 읽기 – 유창성과 정확성

입학을 하면 아이들의 학습 준비도는 개인차가 심할 것입니다. 그렇지만 교과서를 함께 배우면서 알아야 할 내용과 자신이 수행해야 할 과제들이 동일하게 주어집니다. 1학년 국어 교과서를 살펴보면 소리 내읽기의 중요성을 강조하며 많은 부분을 할애하고 있습니다. 엄마들은 아이가 한글을 일찍 익히면 혼자서 책을 읽을 수 있다고 생각해, 함께 책 읽기를 안 하는 경우가 많습니다. 그러나 1학년 때는 아이가 소리 내읽을 때 유창성과 정확성을 확인할 수 있고 문해력 뿌리가 되는 어휘력을 학습시킬 수 있으므로 반드시 아이와 함께 소리 내어 읽기를 해야 합니다. 특히 교과서에 소개된 글은 전문을 다 읽게 하고, 읽기 자료와 교과서 뒤에 소개된 작품은 반드시 소리 내서 읽어 보도록 하면 좋습니다. 소리 내서 읽기를 할 때 정확하게 발음하고 알맞은 속도로 읽고 있는지 주의해서 살펴 보아야 합니다.

엄마가 실제로 책을 읽어 주면서 하면 좋습니다. 아이에게만 일방적으로 읽으라고 하지 말고 엄마가 한쪽을 읽고 다음 쪽을 아이가 읽도록 하면 아이도 긴장하지 않고 자연스럽게 잘할 것입니다. 이때 지적을 하기보다 엄마가 먼저 소리내 읽기를 하고 아이도 소리내 읽게 유도하는 것이 좋습니다. 성격이 소심한 편인데 집에서 자주 지적을 받는 아이들은 학교에 가서 선생님에게 질문하거나 대답하는 데 주저할 수 있습니다. 선생님은 또 다른 엄마의 모습이기 때문입니다. 성격이 강하고 고집이 센 아이들은 지적을 당하면 안 한다고 하거나 욱하는 마음이 일어날 수도 있습니다.

한편 평소에 말은 잘하는데 책을 잘 못 읽는 아이들이 있고, 평소에 말을 많이 하는데 발표할 때 긴장해서 말을 잘 못하는 아이들도 있습니다. 1학년 때 책을 소리 내서 정확하게 읽는 연습을 하면 말하기에도 도움이 됩니다. 함께 소리 내서 읽다 보면 집중력이 좋아지고 책의 내용을 질문하거나 자신의 생각을 표현하는 일도 자연스럽게 됩니다. 엄마도 아이에게 내용의 흐름에 따라 적절한 질문을 할 수 있어 좋습니다. 다만 질문을 지나치게 많이 해서 흐름을 끊지 않도록 주의해야 합니다.

함께 소리 내 책을 읽으면, 무엇보다 문해력의 바탕이 되는 어휘를 인지할 수 있어서 좋습니다. 다만 아이가 어휘를 알고 있는지 매번 확인하는 것은 좋지 않습니다. 전체 내용을 이해하는데 꼭 필요한 어휘나 앞으로 학습을 하는 데 필요한 어휘 위주로 확인하는 것이 좋습니다. 아이는 뜻을 알고 있어도 정확하게 설명하거나 자유롭게 활용할 수 없을 것입니다. 이때 엄마는 예시를 들어 주거나 아이가 설명할 수 있도록 도와주면 좋습니다. 이런 경험을 부담없이 하다 보면 책을 읽을 때 어휘에 관심을 갖게 되고 모르는 어휘는 알아야겠다는 생각을 자연스럽게 하게 됩니다. 특히 어휘는 사전적 의미도 중요하지만 문맥적 의미가 중요하므로, 책을 읽으면서 익히는 것이 더할 나위 없이 좋은 방법입니다. 어휘장을 만들어 어휘를 익히는 것과는 효과면에서 월등합니다. 아이가 잘 설명하지 못하는 어휘가 있다면 그 어휘를 넣어 짧은 글을 지어 말로 해 보게 하거나 어떤 경우에 그 어휘를 사용하는지 물어보는 것으로 충분합니다.

교과서에 소리 내서 읽기를 하는 예시로 리듬을 살려 읽기가 나옵니다. 이것은 앞으로 시를 읽거나 말을 하는 데도 많은 도움이 됩니다. 초등학교 1학년은 어휘, 문장, 글 단계로 읽어 가는 중에 특히 어휘 단계에 집중한다는 사실을 염두에 두십시오.

어떻게 읽어 줄까? - 재미, 자발성, 선택권 주기

유치원 때는 아이가 혼자서 책을 보거나 읽어 달라고 책을 가져오는 것만으로도 대견합니다. 그런데 아이가 1학년이 되었다고 해서 갑자기 성장해 어제와 다른 행동을 하는 것은 아닙니다. 엄마는 1학년이 되면 여러 계획들을 세우지만 아이들은 크게 달라지지 않습니다. 엄마가 책을 대하는 태도도 아이가 유치원 때와는 많이 다릅니다. 뭔가 책을 읽어서 지식을 쌓고 학습에 도움을 줘야겠다고 서두르지만 아이는 그럴 생각이 없습니다. 1학년 때는 글이 많은 것보다 그림 위주의 그림책과 전래 동화와 같은 이야기를 많이 읽어 주는 것이 좋습니다.

책은 재미있는 것이라는 생각을 갖게 해 주는 것이 앞으로 책을 꾸준히 읽게 만드는 가장 확실한 방법입니다. 특히 아이들에게 재미는 가장 강력한 동기 부여가 됩니다. 재미는 학년이 올라갈수록 그리고 모든 아이들에게 적용되는 키워드입니다. 엄마가 고른 책만 강요하지 말고 아이가 책을 선택할 수 있도록 하세요. 유치원 때 읽던 책을 계속해서 보는 것도 좋습니다. 엄마랑 같이 그림책을 읽을 때 아이가 책장을 못 넘기게 할 때가 있어요. 바로 아이가 재미를 느끼며 책을 깊이 읽게 읽고 있는 순간입니다. 첫째, 어른들은 글자와 내용에 치중하여 책을 본다면 아이들, 특히 1학년 아이들은 그림에 더 집중합니다. 그림책은 글로 다 나타내지 못하는 내용을 그림으로 풍부하게 말하고 있기 때문에 아이들을 그림을 통해서 더 많은 상상과 생각을 하게 됩니다. 지난번에는 발견하지 못한 작은 개미 또는 새싹을 이번에는 주인공으로 생각할 수도 있습니다.

교과서 역시 글은 써 있지 않아도 그림으로 이야기를 만들고 상황을 파악하도록 하고 있습니다. 이 교과서를 가지고 선생님이 먼저 그림을 해석하거나 교훈적으로 가르치지 않을 것입니다. 아이들은 이렇게 발견하는 힘경험을 통해 재미를 느낍니다. 다시 강조하지만 책 읽기의 가장 중요한 동기 유발은 재미입니다. 재미있어야 읽어요. 아이들은 책을 읽음으로써 얻는 유익이나 필요성은 아직 모릅니다. 아이들이 재미를 잃지 않도록 해 주세요.

둘째, 책을 읽어 줌으로써 얻는 효과는 자발성입니다. 아이들은 눈으로 보고 자신의 목소리를 들으며 책에 더 집중하게 됩니다. 그러면서 책을 읽으며 질문을 하게 됩니다. 물론 책을 읽는 도중에 또는 다 읽고 나서 엄마도 질문을 할 수 있습니다. 아이가 질문을 한다는 것은 수동적으로 듣기만 하는 것이 아니라 능동적으로 책을 읽고 있다는 증거입니다.

셋째, 책을 함께 읽으면 엄마의 경험을 이야기해 주며 아이와 정서적 교감을 할 수 있습니다. 아이들은 엄마의 이야기를 듣기 좋아합니다.

다양한 책들을 읽으면서 다양한 이야깃거리와 다양한 주제들을 접할 수 있습니다. 만약에 아이가 자꾸 늦게 일어나고 꾸물거리다가 학교에 늦는다면 《지각대장 존》존 버닝햄을 읽으면서 엄마가 이야기를 해 주면 좋습니다. 물론 《지각대장 존》은 지각하는 아이를 훈계하기 위해 쓴 책은 아닙니다. 이야기 속에 나오는 선생님도 심하다고 생각할 수 있습니다. 그러나 이 책을 읽으면 지각하는 자신을 돌아보고 지각을 하는 진짜 이유도 알 수 있는 좋은 기회가 됩니다. 책의 주제는 다음번에 읽을 때 다시 확인해도 됩니다.

3학년부터 본격적으로 정보가 담긴 책 읽기를 통해 학습에 대비할 수도 있지만 아직 정보에 많은 비중을 두지 않아도 됩니다. 이때 책 읽는 시간은 10~20분 정도로 시작해도 좋습니다. 아이의 집중력을 생각해서 매일 짧은 시간을 하는 것이 좋습니다. 한번에 오랜 시간 하는 것보다 짧은 시간이라도 매일 재미있게 하는 것이 중요합니다. 아이가 흥미를 느끼고 재미있어 하면 66일을 꾸준히 한 다음에 시간을 늘릴 것을 권해 드립니다. 습관화되는 데는 66일이 걸린다는 것이 일반적인 통설입니다. 이 시기는 정독보다는 다독이 적절합니다. 아이들의 관심사가 아직 정해지지 않았고 다양한 것에 호기심을 갖는 시기이기 때문입니다.

문해력과 관련하여 교과서 살펴보기

국어 교과서는 소리 내 읽기에 많은 부분을 할애하고 있습니다. 읽기의 바탕이 되는 소리 내 읽기를 통해 유창성과 정확성을 강조하는 것 같습니다. 운율을 살려 읽기, 박자를 맞춰 읽기, 동시 읽기 같이 다양한 것을 소개하고 있습니다. 자음과 모음을 익히고 자음과 모음을 응용해 어휘를 익히도록 합니다. 그림을 통해 상황을 읽어 내고 문제를 발견하는 활동들이 많이 포함되어 있습니다. 일방적으로 선생님이 설명하는 것이 아니라 아이가 문제를 발견하고 판단할 수 있도록 하는 활동이 많습니다. 집에서 책을 아이와 함께 읽을 때도 엄마가 설명을 해주며 이해를 유도하지 말고 아이가 그림을 보거나 내용을 읽으며 판단하고 생각할 수 있도록 하면 학교 수업과 연계해서 좋을 듯합니다.

책을 정확한 발음으로 읽는 것이 중요하듯이 자신의 생각을 이야기할 때도 명확하게 이야기하고 적절한 어휘를 쓸 수 있도록 돕고 기다려주는 것이 필요합니다. 유치원에서도 정서적인 부분이 중요하듯이 학교라는 사회를 통해 적절한 태도와 행동을 익힐 수 있는 책들을 읽으면 좋습니다. 말을 하거나 글을 쓸 때 주어와 서술어라는 개념은 몰라도 이런 형식을 갖출 수 있도록 유도하면 좋습니다. 교과서에서도 다루고 있습니다. 수학 교과서를 보면 모양을 통한 변별 능력, 비교^{길이, 무게, 넓이,} ^양하는 방법들을 배우게 됩니다. 이것은 수학에서도 중요한 개념이지만 책을 읽으면서 인물 간의 성격을 아는 데도 중요한 개념입니다. 덧셈과 뺄셈을 배우기 전에 먼저 규칙에 대해 알고, 무엇보다 그것을 일상생활에 적용하게 하는 것이 아이들에게 중요합니다.

학년이 올라갈수록 수학을 어렵게 느끼는 아이들은 수학을 왜 배우는지 모르겠다면서 불만이 많은데 책 읽기는, 배움이란 단순히 시험을 위한 것이 아니라 살아가는 데 유용한 것임을 알 수 있게 해줍니다. 봄, 여름, 가을, 겨울 교과서는 그림을 보며 생각하기 부분이 많이 실려 있습니다. 관찰과 경험도 중요한 부분입니다.

나무는 우리에게 어떤 도움을 주는가, 생활과 문제점 찾기도 중요하게 다루고 있습니다. 놀이터, 버스, 식당, 영화관, 마트에서의 예절과 내가 참여할 수 있는 나눔 장터 등 체험과 일상생활과 밀접한 문제들을 다루고 있습니다. 명절과 관련하여서는 선생님의 일방적인 지식 전달이 아니라 직접 경험한 것과 자신의 생각을 친구들과 이야기하게 합니다. 즉 적극적인 참여와 나눔이 중요합니다. 이처럼 엄마와 책을 읽으면서 많은 이야기를 나눈 아이들은 수업 시간에 참여하기가 쉽고 재미있을 것입니다.

읽기

읽기는 1학년에서 가장 중요한 학습입니다. 소리 내어 정확하고 바르게 읽기가 강조됩니다. 앞에서도 강조했지만 정확하게 읽기는 어휘 능력에 절대적 영향을 미칩니다. 이뿐만 아니라 어휘의 뜻을 정확히 알고 많은 어휘를 알고 있다는 것은 유창성과 밀접합니다. 아이들은 책이나 글을 읽다가 모르는 어휘가 나오면 이해력이 떨어질 뿐만 아니라 잘못 읽거나 읽는 속도가 떨어집니다.

혼자서 묵독을 할 때도 영향을 줍니다. 문장을 기준으로 끊어 읽기를 학습할 내용으로 제시되고 있습니다. 아이들이 고학년이 되면 문장제로 된 수학 문제를 잘 못 푸는 것은 우선 내용에 따라 끊어 읽기가 안 되는 것이 일차적 원인입니다. 끊어 읽기가 안 되면 앞부분에 나와 있는 조건들이 정리가 안 된 상태에서 다음 문장을 읽고, 출제자의 의도를 파악하지 못하고 식을 어떻게 세워야 하는지 모르는 경우가 대부분입니다. 문장을 기준으로 내용을 끊어 읽는 것은 국어뿐만 아니라 수학, 사회, 과학 등 모든 과목을 공부할 때 영향을 미칩니다.

어휘

어휘는 의성어와 의태어가 많이 나옵니다. 이것은 표현을 더욱 생동감 있고 생생하게 표현하는 데 영향을 끼칩니다. 이런 표현을 통해 자신의 느낌도 잘 표현할 수 있습니다. 일상생활과 관련된 어휘, 경험을 나타내는 어휘들이 많이 나옵니다.

말하기

그림을 보고 느낌과 상황을 말하고 생각해 보는 문제들이 많이 제시되고 있습니다. 이것은 선생님이 일방적으로 설명하는 것이 아니라 아이가 적극적으로 수업에 참여해야 하는 활동입니다. 인사하기, 자신의 기분을 고운 말로 하기 등이 말하기로 나옵니다.

쓰기

자음자와 모음자 쓰고 그림으로 찾아보기, 낱말 따라 쓰기, 그림 보고 문장으로 써 보기, 그림일기 쓰기, 한 일과 느낌, 생각 쓰기, 글감 찾기, 자신의 생각을 한 문장으로 쓰기, 여러 개의 문장으로 표현하며 장면을 자세하게 나타내기예시: 단풍이 들었습니다. → 단풍이 들었습니다. 나뭇잎이 꽃잎처럼 보입니다., 글을 읽고 생각이나 느낌을 문장으로 쓰기. 사실과 느낌과 생각 구별하기, 겪은 일이 잘 드러나게 쓰기, 언제/ 어디에서/ 누구와/ 무슨 일/ 생각이나 느낌 쓰기, 일이 일어난 과정을 순서대로 쓰기 등의 활동을 합니다.

내용 이해하기

    제시된 글을 읽고 내용 이해하기, 설명하기, 중요한 내용을 확인하며 글 읽기, 한 일 알아보기, 생각이나 말, 행동 알아보기, 내용에 알맞은 제목 붙이기, 띄어 읽기, 무엇을 설명하는지 생각하며 글 읽기, 장면 떠올리기. 이런 활동들이 내용 이해하기와 밀접한 연관이 있습니다.

    1학년 2학기에 주어지는 활동들이 문해력의 기초 다지기를 하고 있다고 봅니다. 내용을 확인하며 읽는 것은 능동적 독서의 기본입니다. 읽고 나서 그 내용을 말로 하게 합니다. 글을 바르게 띄어 읽어야 하는 까닭을 말해 봅시다[1-24]. 이 과제는 바르게 띄어 읽는 것이 무엇인지 알아야 하고 그렇게 읽어야 하는 까닭을 자기 스스로 생각해 봐야 할 수 있습니다. 아무 생각없이 있다가 선생님이 알려 주시는 까닭을 들으면 내 것으로 만들지 못하고 그냥 흘려 버리게 됩니다. 이미 문해력과 관련된 수업입니다. 수업 시간에 제시된 활동을 적극적으로 하고 자신의 생각을 말과 글로 나타낼 수 있는 것이 문해력을 위한 준비입니다.

📝 2학년 문해력의 기초를 다지는 시기

2학년 무엇을 준비해야 할까?

1학년과 달라진 점은 제시된 글의 길이가 길어졌다는 것입니다. 교과서를 기준으로 4페이지부터 8페이지까지 다양하고 긴 글이 실려 있습니다. 글의 내용도 중요하지만 일단 길이가 길어졌다는 것은 글의 종류가 다양해질 수 있고 이야기에 일어난 사건과 등장인물에 대해 자세한 묘사가 가능하다는 것입니다.

내용을 읽고 시간 순서대로 정리하는 것이 눈에 띄게 많아졌습니다. 이것은 이야기^{전래 동화, 창작 동화 등}를 이해하는 데 매우 중요한 기준입니다. 앞으로 사건을 발단, 전개, 위기, 절정, 결말로 이해하는 것은 중요한 방법인데 그것에 대한 대비라고 보면 좋겠습니다. 길어진 글을 잘 정리하며 읽으려면 역시 어휘력이 바탕이 되어야 합니다. 긴 글을 잘 이해하기 위한 기초는 역시 어휘력입니다. 전래 동화나 창작 동화를 읽었을 때 시간 순서대로 줄거리를 정리할 수 있도록 도와주세요.

다양한 성격의 글이 읽을거리로 주어지고 있습니다. 위인전^{<장기려 박사>}, 정보성 글, 설명하는 글^{<숲속의 멋쟁이 곤충>}. 주장하는 글^{<이가 아프지 않으려면 어떻게 해야 할까>, <숲은 우리에게 어떤 도움을 주나>}, 외국 작가가 쓴 창작 동화도 나오고 기존에 아이들이 갖고 있던 공주에 대한 선입견과 다른 이야기가 나옵니다《종이 봉지 공주》(로버트 문치).

전래 동화는 국어 활동을 비롯하여 본문에 많이 나옵니다. 소개된 글의 원문전문을 선생님이 읽어 주실 것입니다. 수업 내용에 의존하지 말고 교과서 뒤에 나와 있는 작품 목록을 찾아서 읽었으면 좋겠습니다. 특히 전래 동화 같은 경우는 교과서에 전문이 다 실려 있지 않기 때문에 반드시 전문을 찾아 읽으면 좋습니다. 그러면 수업 시간에 더 적극적으로 참여할 수 있습니다. 자신이 읽은 책이 수업 내용을 더 잘 이해하고 발표하는 데 도움이 된다면, 이를 통해서도 책 읽기가 중요하다는 것을 알게 됩니다. 아이가 책을 읽는 데 큰 동기 부여 역할을 합니다. 또한 아이에게 맞는 수준의 책을 고르는 기준이 될 수 있습니다.

생각하기 문제를 통해 아이에게 어떻게 생각하는지 어떤 느낌이 드는지 물어보고 그다음 단계에서는 너라면 어떻게 하겠는가, 입장 바꿔 생각해 보기 문제들이 제시됩니다. 자신의 경험을 바탕소재으로 한 말하기가 많이 실려 있습니다. 특히 배려와 예절에 대한 내용이 많이 나옵니다.

문해력과 관련하여 교과서 살펴보기

글이 길어지고 다양한 분야의 글이 실리면서 어휘도 1학년 때보다 훨씬 다양하고 어렵습니다. 특히 교과서에 각주처럼 글 아래에 직접 낱말의 뜻을 설명하고 있습니다. 내용을 이해하기 위해 중요한 어휘나 새로운 어휘, 실생활에서 자주 쓰지 않는 어휘 위주로 설명하고 있습니다. 어휘에 대한 인식과 확인이 꼭 필요합니다. 중학교 교과서에도 이렇게 설명이 되어 있고 심지어 국어 시험에도 그 낱말과 관련된 문제가 나오곤 하는데 아이들은 잘 살펴보지 않아요. 단어를 알면 내용을 정확히 알 수 있는 중요한 낱말임에도 불구하고 소홀히 하고 넘어가는 경우가 많아요. 2학년부터 교과서에 이렇게 나오는 낱말들을 꼭 살펴보는 습관을 들이는 것이 중요합니다. 2학년부터 어휘의 중요성을 강조하고 있다고 생각됩니다.

어휘

어휘를 분류하는 것도 새롭게 나옵니다. 시장에서 볼 수 있는 것을 채소, 과일, 생선으로 분류합니다. 만두를 만드는 재료와 방법에 따라 분류합니다. 분류 개념은 앞으로 모든 교과에 적용되는 중요한 개념입니다. 특히 수학과 과학 과목에 중요합니다.

읽기

시를 읽고 시 속 인물의 마음 상상하기, 글쓴이의 마음 짐작하기, 듣는 사람의 기분을 생각하여 말하기 등 좀 더 구체적이고 능동적 독서를 요구합니다. 이것은 글을 읽으면서 내용 이해에 그치는 것이 아니라 적극적인 읽기를 통해 능동적 질문하기를 준비하는 것입니다. 무엇보다 글의 길이가 길어졌는데 긴 글의 내용을 파악하면서 읽기 위해서는 어휘에 대한 이해와 소리 내 읽기의 유창성이 되어야 합니다. 아직 소리 내 읽기가 유창하게 되지 않는다면 2학년이라도 엄마와 함께 책을 소리 내서 읽는 시간을 가져야 합니다.

주요 문장에 밑줄 긋기가 나옵니다[2-2 나 230쪽]. 이것은 아이가 책을 읽을 때 빨리 읽지 말고 중요한 내용을 파악하며 읽으라는 것입니다. 글을 읽으며 중요한 내용이 무엇인지 스스로 파악할 수 있어야 합니다. 2학년 때부터 이런 능력이 필요합니다. 주장하는 글에서 글쓴이가 하고자 하는 말 찾기가 문제로 제시되고 있습니다. 글쓴이의 주장이 이야기와 시에서는 주제로 나타납니다. 그러므로 이제 책을 읽거나 글을 읽을 때 주제나 글쓴이가 하고자 하는 말을 찾아보도록 해야 합니다. 이것이 되어야 학년이 올라가서 비판하기와 타당성 있는 근거를 제시할 수 있습니다.

글의 소재와 장르가 다양해졌습니다. 전래 동화를 비롯하여 위인전과 설명문, 주장하는 글이 실립니다. 동화도 국내외 작품이 고루 나옵니다. 위인전에서는 주인공이 한 일을 찾아보라는 문제가 나옵니다. 즉 위인전의 특성을 알고 읽기를 해야 합니다.

설명문으로는 숲이 우리에게 어떤 도움을 주는지 근거를 제시하며 설명하는 글이 나옵니다. 〈숲속의 멋쟁이 곤충〉은 사슴벌레의 모양과 생활, 속성특성에 대해 설명합니다. 해당 글을 세 부분으로 나누는 것부터 아이가 해야 하는데, 문단 나누기는 내용을 이해하고 정리할 때 가장 중요하고 기본입니다. 이야기를 읽은 다음, 사건의 흐름에 따라 줄거리를 정리하는 능력과 같이 중요합니다. 《종이 봉지 공주》에서는 일이 일어난 순서뿐만 아니라 사건의 인과관계까지 파악해야 하는 과제가 주어집니다. 아이들 독서 수업을 해보면 인과 관계를 찾는 것은 2학년은 어려워 합니다. 읽기 부분은 1학년 때와 많이 다릅니다.

3학년 준비 운동 끝! 본격적인 교과 시작

3학년 무엇이 달라질까?

1, 2학년과 3학년은 많이 다르다는 느낌을 받을 것입니다. 우선 교과서가 사회, 과학처럼 학습 비중이 커진 느낌을 받을 수 있습니다. 교과서도 여러 권으로 늘어납니다.

국어 교과서를 보면, 단원 명에서 본격적으로 공부할 내용을 확인해야 합니다. 문단의 짜임 등에 관한 설명하는 글이 등장하고, 가장 중심이 되는 문장 찾기와 같은 문해력 관련 내용이 본격적으로 나옵니다. 쓰기 관련해서는 문단 쓰기, 중심 문장과 뒷받침 문장이라는 구조를 배우게 됩니다. 본격적으로 정보를 전달하는 글 읽기에 들어갑니다. 정보를 아는 것에서 그치지 않고 그것을 어떻게 활용할 것인가 하는 문제를 다루고 있습니다.

사회 과목이 본격적으로 들어옵니다. 우리 고장 알기를 시작으로 지명과 특징, 우리 고장의 옛 이야기 소개하기, 문화 유산 알아보기 등 활동과 조사가 많아집니다. '정리 콕콕 사고력 쑥쑥'이라는 코너가 있어 사고력의 중요성을 인식시키고 있습니다. 옛날과 오늘날을 의식주, 세시 풍속을 통해 비교하고 알아보는 단원의 양이 비교적 많습니다. 가족 형태의 다양성을 그림과 글로 나타내고 있습니다. 아침 식사와 가정의 다양한 모습을 소개함으로써 아이들이 편견 없이 다양성을 인정하고 다름을 받아들이도록 사고의 확장을 꾀하고 있습니다. "가족은 비빔밥"이라는 구절이 인상적입니다. 글로벌한 시대에 맞춰 아이들이 다양하게 사고할 수 있도록 집에서도 유연성을 길러줘야 할 것입니다.

과학 과목이 들어옵니다. 처음 배우는 과학에서 가장 중요한 부분을 짚어주고 있습니다. 과학자는 어떻게 탐구할까? 과학자는 어떻게 관찰할까? 과학자는 어떻게 예측할까? 과학자는 어떻게 예상할까? 과학자는 어떻게 분류할까? 과학자는 어떻게 추리할까? 과학자는 어떻게 의사소통을 할까? 이러한 의문을 갖는 것은 과학의 기본이자 핵심이며, 모든 교과목을 공부하는 데 바탕이 되고 특히 문해력을 위해 가장 중요한 학습과 탐구 자세이기도 합니다. 교과서가 중요하다는 것을 다시 한번 알려 줍니다. 물질과 물체를 분류하고 성질을 아는 것에 그치지 않고, 일례로 야구 용품 속에 숨겨진 과학을 설명하면서, 과학은 우리 생활과 밀접하게 연관되어 있고 생활을 편리하게 해준다는 것을 아이들이 쉽게 체험하도록 하고 있습니다.

과학의 생활화와 아이들이 호기심과 탐구심을 갖도록 교과서가 쓰여 있습니다. 생물과 화학, 물리가 다 녹아 있습니다. 아이들이 과학과 수학을 학년이 올라갈수록 어려워하고 심지어 포기하는 경우가 많아지는데 초등학교 3학년부터 과학에 대해 흥미를 갖도록 부모님의 세심한 배려가 필요합니다. 대신에 과학이 너무 어려우니 학원에 다녀 선행 학습을 해야 한다고 과학의 어려운 점만 강조하지 않았으면 좋겠습니다.

아이들은 탐구심과 호기심이 어른들보다 왕성하므로 호기심과 탐구심을 잃지 않도록 좋아하는 분야의 책을 선택해 읽도록 하면 좋습니다. 3학년 때는 학습의 양이나 난이도만을 강조하지 말고 교과서의 취지를 잘 파악해 아이들이 학습에 흥미를 가지도록 하는 것이 가장 중요합니다.

도덕 교과목이 새로 생깁니다. 1, 2학년 때 국어나 봄, 여름, 가을, 겨울 과목에 조금씩 나오던 내용들이 도덕 과목으로 세분화됩니다. 우선 친구의 소중함에 대해 나옵니다. 소중한 까닭, 사이좋게 지내는 방법 등 경험과 방법을 살펴보게 됩니다. 인내와 배려에 대해 생각하게 합니다. 그다음으로 가족의 소중함과 사랑에 대해 나옵니다. 가족 간의 갈등^{문제} 원인과 해결하기 단원이 나옵니다. 전에는 부모님 말씀 잘 듣기 같은 단원이 주를 이루었다면 이제는 가족 내에서 할 일과 역할에 대해 생각하게 하면서 가족의 구성원으로서 자신이 할 수 있는 일에 초점을 맞추고 있습니다.

나의 강점과 단점을 살펴보는 것은 성숙한 인격체로 성장하기 위한 발판이 되는 중요한 탐색입니다. 도덕 교과서는 일방적이고 수동적으로 따라야 할 것들을 제시하는 것이 아니라 자신이 주체가 되어 행동할 수 있는 소양을 기르는 과목입니다. 특히 문제 상황을 인지하고 문제 해결을 탐색하며 문제 해결, 계획 세우기, 문제 해결 실천하기1, 문제 해결 실천하기2^{수정, 보완}, 문제 해결 활동, 정리하기 단계를 도입한 것은 알면서도 행동으로 옮기지 못하는 한계를 극복하고 생활화할 수 있도록 하고 있습니다. 참고 자료를 찾아보며 좀 더 다양한 방법을 생각하고 실천하며 자발성을 기를 수 있다면 좋겠습니다. 이것은 독해력을 기르기 위한 방법과 절차와도 같습니다. 스스로 문제를 발견하고^{이해하고}, 그 문제를 해결하기 위해 생각을 정리하며 다른 것에 접목하고 자신의 생각을 표현할 수 있으며^{말하기, 쓰기} 새로운 관점을 갖거나 연결^{융합}하는 것과 같습니다. 3학년은 문제를 정확히 파악하고 해결하는 방식도 구체적이어야 합니다.

어휘

국어사전을 이용하는 방법이 자세히 소개됩니다. 어휘의 중요성이 강조된 것이라고 볼 수 있습니다. 특히 어휘를 분류하는 기준이 나옵니다. 형태가 바뀌는 낱말과 바뀌지 않는 낱말, 움직임을 나타내는 말과 성질이나 상태를 나타내는 말로 분류합니다. 이것은 형태소와 동사와 형용사를 배우는 것입니다. 이러한 개념은 앞으로 국어 문법을 배울 때 중요한 역할을 합니다. 동사, 형용사 같은 말이 직접 나오지는 않지만 낱말을 분류하는 기준이 명확하게 나옵니다. 특히 뜻을 모르는 낱말이 나오면 밑줄을 그으면서 읽으라는 안내가 나옵니다. 다시 한번 강조하지만 3학년에서는 어휘를 강조합니다.

문맥에 따라 뜻을 짐작하기는, 사전적 의미를 바탕으로 문맥에 따라 의미를 정확하게 알아야 할 수 있습니다. 다시 말해 문맥적 의미의 중요성을 강조한 것입니다.

어휘에 나타나는 또 다른 특징은 감정을 표현하는 낱말이 많이 등장하고, 감정 또한 구체적이고 섬세하게 표현되어 있습니다. 사랑, 즐거움, 미움, 기쁨, 질투, 희생, 슬픔, 행복, 부끄러움, 화남, 미안함, 그리움 같은 낱말 등이 사용됩니다. 요즘 사춘기 아이들을 보면 모든 감정을 '짜증 나' 하나로 표현하곤 하는데 그것은 자신의 감정이 무엇이고 왜 그런 감정이 드는지 모른 채 그냥 상태만을 이야기하는 것으로 보입니다. 이렇게 하면 자신의 문제를 해결할 수 없고 상대방에게도 적절하게 전달할 수 없습니다. 이는 도덕 교과서와도 밀접한 관련이 있는 부분으로, 교과서가 통합과 융합을 지향하고 있음을 보여 줍니다. 이것은 고등학교에서 문이과 통합 등으로 좀 더 구체적으로 나타납니다.

비슷한 어휘가 등장합니다. 엄청나다, 굉장하다, 대단하다, 훌륭하다, 근사하다. 비슷한 말은 3학년 교과서에 처음 등장합니다. 비슷한 말은 같은 말이 아닙니다. 비슷한 것입니다. 같은 듯하지만 반드시 차별성이 있습니다. 이런 변별력을 인식할 수 있도록 해야 합니다. 상황에 맞는 적합한 어휘를 선택할 수 있어야 합니다.

읽기

책 읽기를 본격적으로 해야 합니다. 국어 3-1가, 3-2가를 보면 처음에 책 읽기에 대해 자세하게 안내하고 있습니다. 읽기 전, 책 읽기, 읽은 후로 나누어 자세히 안내하고 있습니다. 아이가 책을 읽을 때 교과서에서 안내한 내용을 참고하게 하면 좋을 듯합니다. 4학년, 5학년, 6학년까지 계속해서 난이도를 높이고 요소들을 추가하며 지침을 안내하고 있습니다. 독서 지도를 30년 이상 해온 제가 볼 때 기준을 잘 제시하고 있다고 생각합니다. 단지 '혼자 읽기'와 '함께 읽고 생각 나누기'로 나누어 활동하도록 구성되어 있습니다. 선생님에 따라 지도 방식이 많이 다르겠다는 생각이 듭니다.

엄마는 독서의 중요성을 다시 한번 인식하고 교과서에 나와 있는 기준을 중심으로 6학년까지 꾸준히 독서를 시킨다면 아이의 문해력뿐만 아니라 학습에도 많은 도움이 될 것이라고 생각합니다. 읽을 책을 정하고 제목과 표지를 살펴보며 내용을 예상하기는 읽기 전 활동으로 중요합니다. 그래야 예상한 내용이 어떻게 나오는지 더 잘 알게 되고, 예상한 내용이 부족하거나 나오지 않으면 책의 내용과 연관시켜 더 알고 싶은 내용으로 찾아보기주로 4학년부터 교과서에서 안내하고 있습니다를 할 수 있어 유익한 활동입니다. 책을 읽고 인상 깊은 내용을 정리하고 자신의 경험과 관련지어 책 읽기를 합니다. 독후 활동으로, 새롭게 알게 된 사실과 더 알고 싶은 점을 정리합니다. 이것은 탐구심과 호기심을 기르는 중요한 활동입니다.

이제 책을 스스로 고르기 시작합니다. 책을 선정하는 기준도 나옵니다. 평소에 관심을 가졌던 내용인가? 책 내용에 대해 더 알고 싶은 것이 있나? 다른 사람이 추천한 책인가? 책 속 인물의 생각과 자신의 생각이 비슷한 점 또는 다른 점 찾기는 나에게 적용하기와 관련됩니다. 마지막으로 책을 읽고 감상을 써 두는 습관으로 독서 습관 기르기를 강조하고 있습니다. 이제부터 자기 스스로 독서 습관이 길러지는 중요한 시점이기 때문입니다.

내용 이해

교과서 본문 내용에 직접적으로 언급되지는 않지만 사건들을 보면서 유추하고 추론해 볼 수 있는 것들을 묻는 질문들이 등장합니다. 아이가 논설문과 설명문의 차이를 글을 통해 분명히 알 수 있어야 합니다. 문단을 6개로 나누고〈갯벌을 보존해야 하는 까닭〉 문단의 전체 내용을 대표하는 중심 문장 찾기 같은 활동이 나옵니다. 이것은 다시 말해 글쓴이가 하고 싶은 말을 알아야 하고 이런 능력은 대부분의 텍스트를 읽을 때 필요한 문해력입니다. 특히 알고 있는 내용과 새롭게 안 내용을 구별할 수 있는 것은 공부를 잘할 수 있는 능력인 메타인지와도 밀접한 관련이 있습니다.

쓰기

쓰기 부분의 비중이 커졌습니다. 문단 쓰기를 잘할 수 있어야 합니다. 설명하는 글이나 주장하는 글을 읽고 그 목적에 맞게 스스로 중심 문장과 뒷받침 문장을 쓸 수 있어야 합니다. 문장은 2학년 교과서에 "누가 무엇이 ~했다 어떠하다"로 구성된다는 설명이 이미 나옵니다. 내용 간추리기 또한 쓰기 영역에서 중요합니다. 메모하며 읽기가 새로 나옵니다. "중요한 내용을 간단하게 정리하기"라는 설명으로 나옵니다. 본격적인 쓰기로, 책을 소개하는 글쓰기가 나옵니다. 기억에 남는 일 정리하기도 언제, 어디에서, 누구와, 있었던 일인가 같은 요소를 설명하고 어떤 마음이었고 왜 그런 마음이 들었는가를 쓰도록 하고 있습니다. 그리고 이런 요소들이 잘 드러나게 썼는지 고쳐쓰기를 해 보도록 하고 있습니다.

쓰기를 할 때 대상에 빗대어 표현하기 또한 해 보도록 지도해야 합니다. 교과서에 "고슴도치처럼 따가운 밤송이"라는 표현이 나옵니다. 이런 빗대어 표현하기에 대한 아이들의 반응은 매우 다양합니다. 재미있고 기발하게 잘하는 아이들이 있는가 하면 어색하게 생각하는 아이들도 있습니다. 그런데 이런 표현은 표현력을 위해서도 중요하지만 다른 것과 연결 짓고 닮은 점을 찾아내는 능력과도 연관됩니다. 비유하기를 잘 표현할 수 있는 아이들은 시를 비롯한 문학을 공부할 때 이해력이 빠르고 행간의 의미도 잘 파악합니다. 아이가 일기나 글쓰기를 할 때 빗대어 표현했다면 칭찬을 해 주세요. 참신함이 돋보이는 표현은 아이의 창의성 개발에도 좋은 영향을 미칩니다.

4학년 이해력과 사고력에 추론 능력을 더하라

교과 내용이 어려워질수록 문해력이 중요

4학년이 되면 학습에 대한 부담감과 교과서 내용이 어려워진다는 주변의 이야기로 인해 지금까지 아이의 입장에서 방향을 잡고 잘 해 오던 엄마들도 흔들리기 시작합니다. 특히 아이가 수업 내용을 어려워하거나 수학 문제를 잘 풀지 못하면 학원을 보내지 않던 엄마도 마음이 급해지고 선행을 해야 하는 것 아닌가 하고 고민하게 됩니다. 학습 내용이 어려워질수록 문해력이 중요합니다. 3학년이 문해력을 이해하고 접근하는 단계라면, 4학년은 독서를 통해 본격적으로 문해력을 기르기 시작하며 교과 공부의 바탕을 쌓는 단계입니다. 문해력 기르기에 노력해야 하는 시기입니다.

4학년부터 6학년에 걸쳐 국어 교과서 가-1, 나-1을 시작하며 독서 단원이 들어갑니다. 이것은 독서의 중요성을 강조하고 앞으로 어떻게 책을 읽고 글을 쓰고 말을 해야 하는가에 대한 길잡이가 됩니다. 학년별로 길러야 하는 요소들을 잘 짚어 주고 있습니다. 이렇게 3년을 보내고 독서를 제대로 한다면 독서를 통해 문해력을 기르고 중학교 고등학교 공부를 하는 데 중요한 힘을 얻게 것입니다. 특히 자기주도 학습이 아이들에게 가장 필요한 능력이라는 것을 알게 됩니다. 국어 독서 단원을 소홀히 하면 안 되겠습니다.

책을 고르는 기준에서 새롭게 첨가된 것은 지은이 살펴보기입니다. 더 읽고 싶은 책과 그 책을 고른 이유를 알아야 합니다. 이제 책을 고르는 자신만의 기준이 있어야 합니다. 이것은 매우 중요한 요소입니다. 아이가 책을 잘 읽는다는 것은 자신의 기준에 따라 책을 고를 수 있는 능력도 포함됩니다. 4학년부터 이런 부분을 교과서에서 직접 언급하지는 않지만 독서 단원을 보면 충분히 알 수 있습니다. 집에서 독서 지도를 할 때 이 부분을 간과하지 말아야 합니다. 언제까지 엄마가 골라주거나 학교에서 읽으라는 책만 읽는 것은 자기주도 학습이 아닙니다. 공부를 잘하기 위해서 자기주도 학습을 하는 태도는 중요합니다.

사회 과목은 지도 보기, 지도 이해, 범례, 축척, 등고선 같은 지식적인 부분이 나옵니다. 이 부분을 아이들이 어려워합니다. 실생활에서 흔히 사용하지 않고 몰라도 불편함을 느끼지 않아 그저 어렵게 배우는 것으로 끝나는 것 같기 때문입니다. 그러나 지하철 지도나 관광 안내도, 스마트폰 지도를 세계 여행할 때 이용하는 사례 등을 교과 내용에 담고 있어 배우는 데서 끝나지 않고 실생활에서 유용하게 쓰이는 지식이라는 사실을 알게 됩니다. 지식이 생활을 더 편리하게 하는 것임을 알게 됩니다. 모든 교과 내용이 이처럼 배운 것을 적용해 보고 통합적으로 이루어졌다는 것을 알면 문해력이 모든 교과에 영향을 미친다는 것을 알 수 있습니다. 우리 지역을 배워도 공공기관 답사, 주민 참여를 통해 직접 경험과 활동을 하도록 하고 있습니다. 사회 변화와 문화의 다양성, 저출산, 고령화가 생활에 미치는 영향 등 우리 사회에 현재 나타나고 있는 현상들도 교과 내용으로 다루고 있습니다. 정보화와 세계화에 따른 문제점과 해결 방안을 생각해 보고, 편견과 차별이 일상생활에서 어떻게 나타나는지 인식하는 이런 활동들이 다 문해력과 관련 있습니다.

과학은 좀 더 세분화되고 실험과 관찰이 주를 이룹니다. 그러나 과학적 지식이나 설명에만 치우치지 않습니다. 단원별로 과학과 생활편은 과학을 생활화하고 탐구 학습을 하는 데 많은 도움이 될 듯합니다. '빛의 마법사 조명 기술자 소개'는 아이들이 과학을 단지 어려운 지식으로만이 아닌 우리 생활에 친숙하게 활용되는 것으로 소개합니다. 신종호 서울대 교수는 "문해력이란 단순히 책을 읽고 이해하는 것을 넘어 읽은 것을 다른 것과 연계시키는 능력, 중요한 정보인지 아닌지 판단하는 능력, 정보들을 연결해 자신의 아이디어로 만드는 능력"이라고 정의했는데, 과학과 생활편은 바로 그런 능력들을 다 키울 수 있게 해 줍니다.

어휘

독서 단원과 함께 어휘의 중요성이 더욱 강조되고 있습니다. 그 예로 교과서 본문에 나온 낱말 중 중요하거나 어려운 낱말의 뜻을 하단에 별도로 설명해 놓았습니다. 이를 통해 아이가 스스로 뜻을 알고 있는지 확인해 볼 수 있습니다. 그리고 낱말은 문맥 안에서 파악하는 것이 중요하다는 사실을 다시 한번 강조하고 싶습니다.

또 주목할 점은 어휘의 형태소를 문법적으로 처음 접하게 된다는 점입니다. 한 낱말이 형태가 바뀌지 않는 부분^{어간}과 형태가 바뀌는 부분^{어미}으로 나뉜다는 것을 알게 됩니다. 따라서 낱말의 기본형에 대해 알아야 합니다. 이것은 모르는 낱말을 사전에서 찾는 방법과도 밀접히 연결됩니다. 그리고 두 낱말의 관계에 대해서도 알아야 합니다. 한 낱말이 다른 낱말을 포함하는 관계를 알게 됩니다. 예시로, 책의 하위 낱말로 동화책, 과학 책, 역사책이 나옵니다. 포함 관계뿐만 아니라 상위 개념과 하위 개념에 대해서도 이해해야 합니다.

뜻이 반대인 낱말에 대해서도 처음으로 나오고 예시와 설명이 있습니다. 글의 내용에 맞는 속담이 등장합니다. 속담은 한 번에 익히기보다 나올 때마다 익혀 말하기와 쓰기에 적절하게 사용하는 훈련이 필요합니다. 아이들이 속담을 어려워하는 것은 제대로 이해하지 못해서이기도 하지만 더 근본적인 이유는, 속담은 낱말 하나하나의 뜻을 안다고 해서 이해할 수 있는 것이 아니기 때문입니다. "가는 말이 고아야 오는 말이 곱다", "낮말은 새가 듣고 밤 말은 쥐가 듣는다"가 나오는데 낱말 하나하나의 뜻을 몰라서 속담을 이해 못 하는 것이 아닙니다. 어휘에 대한 이해가 넓어지고 깊어져야 합니다.

말하기

이야기를 읽고 자신이 어떤 일을 하는 사람이 되고 싶은지 친구들과 이야기하기. 적절한 표정, 몸짓, 말투, 듣는 사람을 고려해 상황에 맞게 말하기. 의견을 말할 때 근거 말하기. 영화나 만화를 보고 나서 기억에 남는 대사나 인상 깊은 장면을 친구들과 이야기하면서 생각이나 느낌이 사람마다 다를 수 있다는 것을 알게 됩니다. 이런 말하기 훈련은 어른들도 어려운 부분입니다. 4학년부터 말하기를 좀 더 체계적으로 배웁니다.

쓰기

자료를 읽거나 듣고 정리하는 방법이 나옵니다. 나뭇가지 모양^{마인드} ^{맵 형태} 도형, 수직선에 내용 정리. 이것은 앞의 어휘에서 말한 포함 관계와 상위 개념, 하위 개념을 이해해야 잘할 수 있습니다.

이어쓰기라는 개념이 나옵니다. 이것은 상상력과 근거를 찾는 힘이 필요합니다. 이어쓰기는 보통 뒷이야기 쓰기와 같은 것입니다. 일반적으로 아이들은 뒷이야기 쓰기를 앞에 나온 내용과 아무런 개연성 없이 재미있게만 쓰면 되는 것이라고 생각합니다. 심지어 그렇게 지도하는 선생님도 계십니다. 그런데 그것은 상상력에만 치중한 것입니다. 이어쓰기에서 상상력은 앞 내용에 근거해야 합니다. 즉 이어쓰기가 활동으로 교과서에 소개된 것은 문해력의 정보들을 연결해 자신의 아이디어로 만드는 능력과 밀접하게 연결됩니다.

온라인 글쓰기, 게시판 글쓰기, 댓글 달기에서 예의 지키기가 나옵니다. 이제 아이들에게 온라인을 통한 소통과 글쓰기는 피해갈 수 없는 상황입니다. 무조건 통제만 할 것이 아니라 자기 절제력과 올바른 사용법을 실천할 수 있도록 가정에서 관심을 가져야 합니다.

내용 이해

내용 이해는 문해력에서 가장 기본이고 또 가장 중요한 부분입니다. 왜냐하면 교과서뿐만 아니라 무엇이든 읽거나 들으면 우선 내용 이해가 되어야 그다음 단계로 나아갈 수 있기 때문입니다.

4학년 국어 교과서에서 새로운 점 하나는, 본문 바로 옆에 질문이 파란색으로 쓰여 있다는 것입니다. 질문은 주로 본문을 제대로 읽고 중심 내용을 파악하면 쉽게 답할 수 있는 주관식 문제입니다. 본문 내용 옆에 있습니다. 이것은 중고등 국어 교과도 마찬가지입니다. 문제를 뒤로 빼서 학습 활동으로 한꺼번에 묻지 않고 왜 이처럼 본문 옆에 배치했을까요? 이것은 생각하며 읽기, 즉 책을 읽으면서 무엇을 생각해야 하는지를 직접 옆에서 질문하듯이 배치한 것이라고 생각합니다. 그러므로 본문을 읽으며 제시된 문제에 대해 생각하지 않는 것은 제대로 된 읽기를 하는 것이 아닙니다.

중심 문장과 뒷받침 문장을 이해하고, 처음, 가운데, 끝이라는 구조를 파악하며 설명문을 읽고, 내용을 간추리는 훈련은 내용 이해가 선행되어야 가능합니다. 특히 이야기를 사건 중심으로 시간의 흐름에 따라 간추리는 능력은, 중요한 정보인지 아닌지를 판단하는 문해력의 중요한 능력입니다. 또한 사실과 의견을 구분하여 읽고 쓰기가 요구됩니다. 사실과 의견을 구별하는 것은 쉬운 듯하지만 아이들을 가르쳐 보면 의외로 어려워합니다. 사실과 의견을 명확하게 구분할 수 있는 것은 글을 쓰거나 말을 할 때 중요합니다. 특히 학년이 올라갈수록 설명문과 논설문을 많이 접하면서 근거를 들어 설명하고, 주장할 때 중요한 요소들인 타당성과 객관성을 배우게 됩니다. 이런 모든 것이 문해력과 밀접한 관련이 있습니다.

글을 읽고 주제 파악하기, 글쓴이가 전하고자 하는 생각 파악하기, 이것은 문해력에서 중요하게 다루며 강조하는 부분입니다. 예전에는 수업 시간에 우리나라 전래 동화만을 읽었습니다. 그런데 베트남의 옛이야기와 비교하는 단원이 생겼습니다. 〈까마귀와 감나무 이야기〉인데 우리 옛이야기 〈혹부리 영감〉이나 〈흥부와 놀부〉가 연상되는 것은 왜일까요? 문해력은 단순히 읽고 이해하는 데서 그치지 않고 다른 것과 연계하는 능력이기도 하다는 사실을 보여 줍니다. 이 부분은 또한 내가 읽은 책과 주제가 비슷한 책 또는 읽은 작가의 다른 작품 읽어 보기로 연결됩니다. 그리고 책 속에서 좋은 구절을 내가 고르고, 고른 까닭을 말해 보기 활동이 있습니다. 이것은 선생님이나 엄마가 가르쳐줘서 해결할 수 있는 것이 아닙니다. 어설프고 힘들어도 아이가 생각해야 합니다. 왜냐하면 문해력은 궁극적으로 자신의 아이디어를 만드는 과정이기 때문입니다.

영화와 만화 보기가 읽기 단원에 포함되어 있습니다. 이것은 무엇을 의미할까요? 기억에 남는 대사나 인상 깊은 장면을 친구들과 이야기하면서 영화 관람 후 생각이나 느낌이 서로 다를 수 있다는 것을 알게 됩니다. 이제는 하나의 답만을 요구하지 않습니다. 다양한 생각과 확산적 사고를 요구합니다. 이것은 문해력이 되어야 가능합니다.

이야기 읽기에서는 이야기의 구성 요소와 인물, 사건, 배경을 알고, 인물의 말과 행동으로 인물의 성격 파악하기, 사건을 시간의 흐름에 따라 이해하기, 그것을 시대적·공간적 배경과 연관지어 입체적으로 이해하기, 이런 것들을 살펴보도록 하고 있습니다. 즉 4학년부터 이해력과 사고력, 추론 능력을 요구하고 있습니다. 이런 능력을 키우는 데도 문해력이 중요합니다.

5학년 엄마에게도 쉽지 않은 공부 수준

문해력이 더욱 중요해지는 시기

독서 단원이 5학년 국어 교과서 첫 부분에 실려 있습니다. 4학년에 이어 책을 읽고 하는 활동이 소개됩니다. 책을 읽고 생각을 넓히는 부분이 추가되었습니다. 특히 도서관에서 책을 찾을 때 청구 기호에 쓴 숫자의 의미 알아보기와 한국 십진 분류법을 소개하고 있습니다. 이것은 도서관에서 스스로 책을 찾아 읽을 수 있도록 한 것입니다. 이번 학기에 읽을 책 정하기 같은 독서 계획 세우기 활동이 나옵니다. 스스로 독서 계획을 세울 수 있도록 한 것입니다. 독서 계획을 세운다는 것은 자신의 관심사를 알고 책을 즐기면서 읽기를 요구하는 것이라고 볼 수 있습니다.

다른 교과서 읽고 요약하기가 소개되고 있습니다. 이전 중학교 국어 교과서에 교과서 읽기 단원이 있었습니다. 사회, 역사, 과학, 가정, 도덕 교과서를 본문 그대로 싣고 내용을 설명하는 것이 아니라 글의 특성에 맞게 어떻게 읽을 것인가에 초점을 맞춘 단원이었습니다. 그런데 그 단원이 시험에 나오지 않고 국어 시간에 잘 가르치지 않자 슬그머니 빠졌습니다. 5학년 독서 단원에 다른 교과서 읽고 요약하기가 실린 것은 글을 특성에 맞게 이해하고 요약할 수 있어야 합니다. 왜냐하면 글에는 과학, 역사, 사회와 관련하여 다양한 종류의 글과, 설명문이나 논설문 등 다양한 형식의 글이 있기 때문입니다. 이렇게 다양한 글들을 읽고 이해하고 내 생각을 도출해 내고 일상생활과 연결지어 생각을 넓혀 가는 것이 독서의 역할이고 문해력을 기르는 것이기 때문입니다.

요약하기에 신문 기사 읽고 요약하기기 소개됐습니다. 이것은 6학년 교과 과정과도 연관이 있습니다. 사회 문제와 관련 있는 책 읽기가 있고, 교과서에 통합적 사고를 요하는 부분도 많이 도입됐습니다.

어휘

5학년 때 나온 어휘는 국어 교과서를 비롯해 사회, 과학에 걸쳐 잘 알아야 합니다. 특히 5학년 때는 앞뒤 문장을 추론하여 뜻 알아보기가 나옵니다. 앞뒤 문장에 나오는 어휘를 다 알 때 이해가 더 잘됩니다. 문맥을 통해 어휘의 뜻을 추론할 수 있는 단계가 되면 책 읽기는 더 재미있어집니다. 아이들이 교과서 읽기를 힘들어하는 이유는 모르는 어휘가 많기 때문입니다. 모르는 어휘가 많은 상태로 글을 읽으면 내용 파악도 당연히 잘 안됩니다. 교과서에서는 이미 어휘의 중요성뿐만 아니라 한 단계 더 높은 능력을 요구하고 있습니다.

다의어에 대한 설명 부분은 문맥에서 의미 파악이 중요함을 강조한 것으로 보입니다. 다의어에 이어 낱말의 짜임에 대해 배우게 됩니다. 단일어와 복합어를 구분할 수 있어야 합니다. 그러면 의미를 좀 더 자세히 알 수 있게 됩니다.

사회 교과서는 정보가 많이 들어가고 풍부한 자료_{사진, 표, 지도 등}가 나오므로 이런 자료의 의미를 잘 파악해야 합니다. 특히 5학년부터 학습량이 많아지면서 내용을 정리하고 어휘의 뜻을 정확히 이해하는 것이 매우 중요합니다. 교과서에 나오는 어휘들 특히 사회, 과학 교과서에 나오는 어휘들은 6학년, 중학교 올라가도 계속해서 접하는 어휘들이기 때문에 초등학교 때부터 잘 알아 두면 중학교에 가서 훨씬 수월합니다. 특히 시험 공부를 할 때 모르는 어휘가 많이 나오면 이해력이 떨어지고 정리가 잘 안되며 공부하는 데 시간도 많이 걸립니다. 무엇보다 자신이 제대로 아는지 모르는지 자신도 모르는 상태가 됩니다. 중학교 고등학교 국어를 가르치다 보면 시험 때 유독 어휘의 뜻을 많이 물어봅니다. 문제를 풀려고 하는데 모르는 어휘가 자꾸 걸리는 것입니다. 그런데 어휘의 중요성을 강조하고 반복해서 나오는 어휘라고 해도 아이들은 다음 시험 공부 때 이전에 설명한 어휘들을 또 묻곤 합니다. 어휘를 제대로 이해하지 못해서 생기는 현상입니다.

과학 교과서에 나오는 용어는 학습을 위해 절대적으로 중요합니다. 용해, 용질, 물질 같은 어휘는 과학 시간이 아니면 거의 쓰지 않는 어휘입니다. 일상생활에서 거의 사용하지 않는 학습을 위한 어휘입니다. 그러므로 개념을 더욱 정확하게 알아야 합니다. 특히 과학은 교과서에 나오는 개념과 용어를 잘 아는 것만으로도 훨씬 쉬워집니다. 반면에 이런 어휘를 모르면 과학 문제를 푸는 데 어려움을 겪게 됩니다.

읽기

    5학년 독서 단원에 새롭게 들어온 내용 중에서는 한 학기 동안 읽을 독서 계획하기와 책을 즐기며 읽기가 중요합니다. 독서 계획을 세울 수 있다는 것과 책을 즐기면서 읽는다는 것은 독서 습관이 되었음을 뜻합니다. 5학년이 되면 독서 습관을 들여야 할 뿐만 아니라 독서의 즐거움을 알아야 하는 것입니다. 지금까지 한 권의 책을 읽고 내용을 간추리고, 상상하며 읽고, 인상 깊은 부분을 찾으며 읽었습니다. 5학년 때는 현재 읽는 책과 다른 작품을 연결하며 읽기를 소개하고 있습니다. 이것은 책을 많이 읽어야 가능한 일입니다. 이처럼 단순히 책을 읽고 이해하는 것을 넘어 다른 것과 연계시키는 능력, 정보들을 연결해 자신의 아이디어로 만드는 능력_{서울대 신종호 교수의 문해력 정의}은 문해력의 핵심입니다. 초등학교 5학년 때 문해력이 완성되어야 함을 알 수 있습니다. 이런 문해력을 갖추어야 학년이 올라갈수록 공부를 쉽게 할 수 있는 것입니다.

    시의 주제와 심상을 5학년 때 배우는 것도 이와 관련 있습니다. 독서 습관을 강조하며 꾸준히 읽고, 글쓴이가 쓴 다른 책, 비슷한 주제의 책을 찾아 읽기를 제시하고 있습니다. 나의 관심 분야를 읽고, 핵심어 찾아보기, 질문하며 읽기에 이어 비판적 읽기를 독서 단원에서 읽기 방법으로 제시했습니다. 비판적 읽기는 선입견, 과장, 왜곡이 있는지 생각하며 읽기입니다. 비판적 읽기를 함으로써 자신의 생각을 다시 점검해 보고 책의 내용을 무조건 받아들이는 것이 아니라 자신의 생각과 비교해 보는 것입니다. 이것은 중고등 학생들도 어려워하는 부분입니다. 독서 수준이 중고등학교 때 차이나는 것이 아니라 이미 5학년 때부터 많은 차이를 보이는 것을 알 수 있습니다. 5학년 때 문해력은 완성되는 것입니다.

독서 습관이 형성되었다면 이제 자신만의 책 읽기 방법 찾아보기가 소개됩니다. 읽는 목적에 따라 여러 번 반복해서 읽을지, 시간 날 때마다 조금씩 읽을지, 메모하며 읽을지. 비슷한 내용의 글이나 책을 여러 권 함께 읽을지 자신이 결정할 수 있어야 한다고 설명하고 있습니다. 이것은 책을 읽으면 좋다는 것에 그치지 않고 문해력의 궁극적 단계인 자신의 아이디어로 만드는 과정을 위해 반드시 필요합니다.

말하기

읽기뿐만 아니라 말하기도 5학년은 확연히 달라집니다. 말을 주고받을 때 표정과 말투를 어떻게 해야 하는지가 중요하게 나옵니다. 뿐만 아니라 공감하며 듣고 말하기가 강조됩니다.

토론하기와 토의하기를 실제로 해 보고 토의할 주제와 토론할 문제 상황을 찾아 토론해 보고 글쓰기까지 완성해야 합니다. 문제를 내가 스스로 인식하고 찾을 수 있어야 합니다. 공감하며 말하기에는 역할 바꿔 말하기가 나옵니다. 말하기를 통해 경청하는 태도와 역지사지를 배우게 됩니다. 특히 토의하기에서 자료를 활용하여 자신의 의견을 객관화하고 타당성을 갖도록 해야 합니다.

쓰기

5학년 교과목의 특징은 내용도 많이 달라졌지만 쓰기 부분이 많아졌다는 것입니다. 국어뿐만 아니라 사회에서도 사고력 문제로, 배운 내용에 대해 자신의 생각을 써 보고 탐구 활동을 하며 생각을 써 보는 부분이 소단원별로 몇 문제씩 제시됩니다. 교과서 내용 정리하기는 국어 교과 시간에 배운 요약하기를 활용하면 됩니다. 국어 교과서에 다른 과목 요약해 보기가 나오기도 합니다. 특히 자료 찾기가 중요하게 나옵니다. 교과서의 내용과 자신이 찾은 자료를 바탕으로 내 생각 쓰기는 5학년부터 쓰기가 많이 중요해졌음을 보여줍니다.

국어에서 호응 관계를 생각하며 글쓰기가 나옵니다. 문장을 쓸 때 문장 성분_{주어, 서술어, 목적어}을 적절하게 사용했는지 확인하는 내용도 나옵니다. 기행문 쓰기가 처음으로 나옵니다. 기행문의 특성을 파악하고 실제로 자신이 여행한 곳을 기행문으로 써 보도록 하고 있습니다.

특히 5학년 쓰기에서 새로운 것은 글을 쓰고 나서 함께 고쳐보기가 나오는 것입니다. 지금까지는 글을 쓰면 그것으로 끝났는데 이제 고쳐보고 다시 쓰기를 하는 것입니다. 완성된 글쓰기를 요구합니다. 쓰기를 할 때 그냥 생각나는 것을 쓰는 것이 아니라 계획하기, 내용 생성하기, 내용 조직하기, 표현하기, 고쳐쓰기라는 단계로 쓰라고 합니다.

글머리를 쓸 때 날씨 표현으로 시작하기, 대화 글로 시작하기, 인물 설명으로 시작하기, 속담이나 격언으로 시작하기, 의성어 또는 의태어로 시작하기, 상황 설명으로 시작하기 등 쓰고자 하는 글과 연관이 있는 글머리를 자신이 판단하고 자연스럽게 쓸 수 있어야 합니다. 중학교 글쓰기 수준과 차이가 나지 않습니다.

이해하기

읽거나 배운 것을 이해하기는 학습에서 가장 기본입니다. 이해가 된 상태에서 암기하는 것과 그냥 무조건 암기하는 것은 근본적으로 다릅니다. 아이들이 시험을 보면 헷갈려서 틀렸다고 하는 것도 자세히 들여다보면 정확하게 이해가 안 된 것입니다. 학습을 할 때 이해력은 가장 중요한 모든 과목의 기본입니다. 이해력이 되어야 사고력도 가능하고 추론도 가능한 것입니다. 5학년부터 이해력뿐만 아니라 추론하기 능력도 요구하며, 교과서에서 추론은 이야기에 직접 드러나지 않은 내용을 글의 앞뒤 사실을 미루어 생각해 보는 활동이라고 정의합니다. 특히 글쓴이의 주장에 대해 적절성과 타당성을 판단하는 것은 이해하기에서 중요한 부분입니다.

추론하기와 함께 무엇을 배웠나? 이해하기 그것을 통해 새롭게 안 사실은 무엇인가? 배운 내용을 생활 속에서 어떻게 실천하고 적용해 볼 수 있는가? 여기까지 확산적으로 사고하기를 요구합니다. 미래사회, 4차 산업혁명_{국어 5-1 나 281쪽} 주장하는 글 읽기에서는, 지은이의 주장은 무엇인가? 주장을 뒷받침하는 근거는 무엇인가? 주장과 근거는 적절한가? 자신의 생각과 같은 점은 무엇인가? 이처럼 단지 글쓴이의 주장만 파악하는 것이 아니라 자신의 생각과 같은 점, 다른 점을 생각해서 쓰도록 하고 있습니다. 이것은 내용 이해에서 끝나는 것이 아니라 배경지식이 필요한 부분입니다. 이런 배경지식은 평소에 책을 읽고 관심 분야를 넓혀야 가능한 것입니다.

다른 과목 교과서 읽고 요약하기가 나옵니다. 이제 요약하기는 국어 과목에 한정된 것이 아닙니다. 국어 과목에서 배운 것을 바탕으로 모든 교과목에서도 할 수 있어야 합니다.

주장 펼치기에서 주장하는 글_{논설문}을 읽고 단순히 쓰기만이 아니라 주장 펼치기, 반론하기, 반박하기와 주장 펼치기, 반론하기가 나옵니다. 이것은 상대방의 주장을 이해하고 그것의 문제점과 타당성을 판단하여 내 주장뿐만 아니라 상대방의 주장에 반박과 반론을 하고 다시 자신의 주장에 대해 타당성을 입증하는 찬반 토론하기입니다. 이런 활동을 하기 위해서는 이해력뿐만 아니라 다양한 매체의 자료를 이용하여 자료를 수집하고 적절하게 활용하며 중요한 정보인지 아닌지 판단할 수 있어야 합니다. 이런 과정을 통해 문해력이 길러집니다.

6학년 융합과 통섭으로 미래를 대비한다

문해력을 바탕으로 사고가 넓어진다

6학년은 책 정하기와 독서 달력을 만들고 독서 계획을 세우고 스스로 실천하도록 하고 있습니다. 그리고 읽은 책을 때때로 기록하며 한 줄 평을 쓰도록 하고 있습니다. 한 줄 평 쓰기는 어른들도 하기 힘든 일입니다.

우리 사회에서 일어나는 문제를 주제로 이야기해 보기의 예시로 환경 오염, 인공 지능 발달, 분별없는 외국어 사용을 들고 있습니다. 토론은 단순히 독서를 통해 지식을 알고 있다고 해서 가능한 것이 아닙니다. 정보들을 연결해 자신의 아이디어를 만드는 능력이 궁극적으로 이루어져야 가능한 일입니다. 그렇기 때문에 사회 문제에 대한 정확한 인식과 현상들에 대한 이해 및 쟁점에 대한 분석이 요구됩니다. 그래서 해결 방안을 찾아낼 수 있는 아이디어를 도출해 낼 수 있어야 하는 것입니다. 6학년 과정은 문해력이 없다면 해결하기 힘듭니다.

6학년은 문해력을 바탕으로 영역 간 융합과 통합적 사고가 새롭게 강조되고 있습니다. 이것은 문해력이 안되면 제대로 수행할 수 없습니다. 우선 장영실 전기문을 읽습니다. 장영실을 다룬 드라마를 본 뒤 연극을 하기 위해 극본 써 보기 활동이 주어집니다. 이 활동은 단순히 책을 읽고 생각을 쓰는 것에 그치는 것이 아닙니다. 드라마는 책과 다른 장르로, 구현된 인물을 통해 인물의 특성을 파악하고 자신이 중요하게 생각하는 점을 새롭게 해석하며 창작하기, 극본으로 써 보는 활동입니다. 그 극본을 가지고 친구들과 연극을 해 보고 생각을 나누는 활동까지 이어지게 됩니다. 이런 융합적 사고와 활동은 문해력이 바탕이 되지 않으면 결코 제대로 할 수 없습니다.

책을 읽고 통합적 사고를 하기 위한 과제가 주어집니다. 이것도 문해력이 바탕이 되어야 가능합니다. 교과서에서 제시하고 있는 과제는 글쓴이가 말하고자 하는 것, 즉 주제를 파악해야 합니다.

두 번째, 인물이 추구하는 가치관 파악하기는 인물이 한 행동과 말을 통해 추론하거나 유추하는 능력이 있어야 가능합니다. 인물이 추구하는 다양한 가치 비교하기와 인물이 추구하는 가치를 자신의 삶과 관련 짓기. 인물이 추구하는 가치를 다른 문학 작품을 통해 소개하기는 단단한 독서력을 바탕으로 자신의 생각과 정보들을 연결하는 아이디어가 있어야 가능한 활동입니다. 이런 문해력은 수업 시간에 선생님의 말씀만 잘 듣는다고 길러지는 것이 아닙니다. 문해력은 단선적이고 암기를 통해 길러질 수 있는 능력이 아닙니다. 책 읽기가 좋은 방법이지만 책만 읽고 내용을 아는 데서 그치지 말고 계속 판단하고 연결하고 아이디어를 내야 하는 것입니다. 그러므로 늘 주변에 다양하게 관심을 가져야 합니다.

어휘

5학년 때 어휘력이 중요하다고 강조했는데 6학년 때는 새롭게 나오는 어휘의 양이 5학년 때보다 2배 이상 늘어납니다. 특히 관용 표현이 많이 나옵니다. 아이들이 힘들어하는 것이 관용 표현입니다. 관용 표현은 문학 작품을 이해할 때, 그리고 중학교에서 고등학교로 올라갈수록 더 많이 나오므로 잘 익혀 두는 것이 좋습니다. 단순히 암기하지 말고 특성을 살펴 문맥 안에서 이해하는 습관을 갖도록 하는 것이 좋습니다. 어휘가 속담, 관용 표현, 비유 등으로 확대되는 것은 본래 어휘가 갖고 있는 사전적 의미를 바탕으로 문맥적 의미를 강조하는 것입니다. 특히 비유는 국어 시험에서 아이들이 가장 힘들어하는 시와도 밀접한 연관성이 있습니다. 비유(은유와 직유)의 개념은 정확하게 이해해야 하는 국어에서 중요한 개념입니다.

6학년 어휘는 국어를 비롯하여 특히 사회, 과학, 실과에 나오는 어휘까지 꼼꼼히 확인하는 것이 좋습니다. 이런 어휘들이 중학교 수업에 많은 영향을 미칩니다. 특히 중학교에서 문제를 풀 때 어휘의 뜻을 몰라 문제를 풀지 못하는 상황이 비일비재합니다. 어휘에 대한 중요성을 다시 한번 인식해야 합니다. 자신이 아는 어휘와 잘 모르는 어휘를 구별하여 정확하게 아는 습관은 중학교, 고등학교 공부를 할 때 매우 중요합니다. 중학교 때는 더 많은 어휘가 나오고, 고등학교 때는 영어 과목에서도 어휘력의 차이에 의해 변별력이 생기는데, 이런 현상은 국어를 비롯한 다른 과목에서도 마찬가지입니다. 어휘력이 학습을 하고 문제를 푸는 속도와 정확도에 많은 영향을 미칩니다.

읽기

텍스트를 읽을 때 제목이나 글을 쓴 목적을 찾을 수 있어야 합니다. 스스로 점검하며 읽기를 통해서 더 알고 싶은 것을 찾아보도록 합니다. 질문하며 읽기를 하며 자신의 생각과 비교하며 읽기를 통해 같은 점과 다른 점을 찾아봅니다. 텍스트를 통해 무엇을 배웠나? 새로 알게 된 내용을 반드시 배경지식으로 활용할 수 있도록 합니다. 문해력에서 배경지식은 중요합니다. 특히 고학년이 되고 지식의 차이를 보이기 시작하는 시점에서 배경지식은 문해력에 중요한 역할을 합니다. 배경지식을 쌓게 되면 알게 된 내용을 생활에서 어떻게 활용하고 실천할 수 있는지 아이디어를 얻게 됩니다.

이제는 단순히 글을 읽고 내용을 이해하는 독해력을 넘어 문해력이 중요한 공부력입니다. 그래서 텍스트를 읽은 다음 사실적 질문과 추론적 질문 그리고 평가의 단계로 나아가야 합니다. 즉 사실적 질문은 텍스트에 나오는 언제, 어디서, 누구, 같은 질문이고 추론적 질문은 왜 했을까? 그런 까닭은 무엇일까? 같은 이미 아는 사실을 바탕으로 직접적으로 드러나지 않은 내용을 짐작하는 질문입니다. 그리고 평가는 만약 나라면 어떻게 했을까와 같이 사실에 대한 가치 판단을 묻는 질문입니다. 이런 질문을 할 수 있어야 하고 질문에 답도 할 수 있어야 문해력이 있는 것입니다.

글만 텍스트가 아닙니다. 국어 교과서에 사진, 도표, 표, 동영상, 실물 자료 등이 텍스트로 나옵니다. 이런 텍스트는 국어 교과서보다 사회, 과학, 실과, 수학 교과서에 더 빈번히 나옵니다. 특히 사회 교과서에는 페이지마다 나옵니다. 중학생들이 사회 공부를 할 때 이런 텍스트 읽기를 제일 힘들어합니다. 심지어 이런 텍스트 독해가 안 되기 때문에 그냥 지나치거나, 봐도 무슨 의미인지 인지하지 못합니다. 그러면 텍스트를 제대로 이해할 수 없습니다. 초등학교 6학년 때 충분히 익히고 글로 된 본문과 연결하는 습관을 갖도록 해야 합니다.

쓰기

6학년 교과서는 말하기, 읽기, 쓰기, 듣기 중 쓰기를 가장 강조하고 있습니다. 쓰기는 사고력과 창의성이 요구되는 능력입니다. 교과서를 보면 쓰기 활동을 위한 칸이 부쩍 많아졌습니다. 직접 써 보는 활동이 여러 페이지에 걸쳐 펼쳐지고 있습니다. 쓰기는 적극적으로 하지 않으면 아이에 따라 수준 차이가 많이 나고 그 결과도 엄청나게 달라집니다.

논설문 텍스트를 주고 직접 써 보게 하는 방식입니다. 문제 상황을 인식하고 자신의 주장을 밝히고 주장하는 근거의 타당성을 살펴봅니다. 모호한 주장이나 주관적, 단정적 표현 등을 고치고, 친구와 쓴 글을 바꿔 읽고서 고쳐 쓰는 활동이 있습니다. 지금까지 글을 쓰고 자신이 고치는 것에 그쳤다면 이제는 다른 사람의 글을 읽고 평가도 합니다. 다른 사람에게 첨삭을 받는 과정을 통해 좀 더 완성도 높은 쓰기가 이루어지도록 하고 있습니다.

극본 써 보기는 역할과 무대를 종합적으로 고려한 쓰기입니다. 영상을 텍스트로, 영화 줄거리와 인물의 성격, 인물들의 관계 등에 대해 쓰기는 지금까지 하던 영화 감상문 글쓰기와 같습니다. 영상의 특징과 화면 구도 등을 고려한 감상문 쓰기는 텍스트의 특성을 살린 쓰기입니다. 여행 계획서 쓰기는 처음 나오는 쓰기 영역입니다. 이처럼 다양한 텍스트와 다양한 쓰기는 문해력을 기르는 데 도움을 줍니다.

이해하기

영상 광고 만들기는, 영상의 비중이 중요해진 요즘 영상도 텍스트 매체로 활용할 수 있음을 보여 주는 것입니다. 특히나 요즘 아이들은 시각적 이미지와 영상 매체에 익숙하고, 직관적이고 이해도도 빠릅니다. 영상 광고 주제와 내용 분량 정하기 같은 기획을 거쳐 역할 나누기를 통해 자신의 역할을 수행하고 다른 사람과의 협업을 경험하게 됩니다. 촬영 도구와 편집 도구 준비, 장면 촬영, 편집 도구로 자막 넣기, 함께 보며 고치기까지 영상 광고 만들기의 전 과정을 아이들 스스로 기획하고 협업을 통해 완성해 내는 활동입니다. 쓰기 능력뿐만 아니라 능동적이고 적극적인 참여가 중요해집니다.

6학년 실과 책에는 창의 활동으로 친환경 농업의 중요성 알리기를 UCC를 만들어 발표해 보기가 나옵니다. 계획하기^{동영상의 주제와 내용을 정하고 역할을 분담} → 스토리 보드 작성하기^{주요 장면을 구상하여 스토리 보드를 작성하기} → 동영상 촬영하기^{스토리 보드를 바탕으로 동영상을 촬영하기} → 동영상 편집하기^{동영상 편집 프로그램을 이용하여 수정, 완성하기}. 국어 시간의 동영상 만들기와 실과 시간의 동영상 만들기 과정은 주제만 다르고 같은 활동입니다. 다시 말해 설득 방법에 글쓰기^{논설문}만 있는 것이 아닙니다. 교과의 경계를 허물고 다양하게 활용하고 있습니다.

정보의 타당성과 표현의 적절성을 판단해 보기는 텍스트의 범위가 더 다양해지고 실생활과 밀접하게 연계되어 있음을 알 수 있습니다. 아이들에게 문해력을 위해 다양한 매체를 활용하고 경험할 수 있도록 해야 합니다. 독서에서도 찾아볼 수 있습니다. 주제가 비슷한 책 읽기, 같은 작가의 다른 책 읽기뿐만 아니라 각기 다른 매체로 만들어진 작품 읽기가 나옵니다. 이제 텍스트의 경계가 점점 불분명해지고 영역이 확대되는 것을 알 수 있습니다.

3부

엄마들이 가장
궁금해 하는 질문과
처방

🗨 우리아이만 이런가요?

책을 좋아하던 그 많은 아이는 다 어디로 갔을까

어린아이를 자녀로 둔 부모는 아이에게 책을 많이 읽어줍니다. 아이가 책을 좋아하고 엄마가 읽어 주는 책에 관심을 보이면 너무나 예쁘고 대견하지요. 학교에 들어가서도 계속 책을 좋아하고 잘 읽었으면 하는 기대를 합니다. 보통 아이들은 책을 좋아합니다. 그러다 3학년이 되고 4학년에 올라갈 때 보통 책을 서서히 멀리하며 심지어 책 읽을 시간이 없다고 하는 아이들과 엄마가 많아져요. 그러다가 중학생이 되면 이제 책 읽을 시간은 거의 없다며 손을 놓기 시작합니다. 고등학생이 되면 학생부를 위해 전략적으로, 시간에 쫓기며 간신히 기록을 위해 읽게 됩니다. 수능에 만점을 맞는 아이들이나 책을 읽는 것으로 여깁니다.

책을 많이 읽으면 읽을수록 이해력과 사고력이 좋아지고 읽기에도 저절로 가속도가 붙는다고 하는데 왜 이런 현상이 나타날까요? 어려서 책을 좋아하고 많이 읽던 아이들이 학년이 올라가면서 다 어디로 사라진 걸까요? 책을 읽으면 좋지만 많이 읽었다고 공부를 잘하는 것은 아니라는 생각에 엄마들은 암묵적으로 동의하는 듯합니다. 책 읽기에 관해서는 개인별 편차도 크고 결과도 다르게 나타나는데, 이것은 여러 요인들이 작용하기 때문입니다. 같은 공간^{교실}에서 같은 선생님한테 같은 수업을 들어도 성적이 일등부터 꼴찌까지 나타나는 것과 비슷한 원리입니다. 아이에게 왜 책을 읽으라고 하는지 그 까닭을 엄마들조차 명확히 알지 못하고, 책을 읽으면 어떤 효과가 있는지 막연하게 생각할 뿐입니다. 그렇기 때문에 책을 읽으면 좋지만 학습에 큰 도움은 안 된다고 생각하고, 학년이 올라갈수록 책을 멀리하는 듯합니다.

전래 동화의 좋은 점이 무엇일까요

엄마의 질문: 전래 동화가 너무 선악에 치중하고 권선징악을 강조하는 것 같은데 아직 판단력이 부족한 저학년 때 읽어도 괜찮은가요?

유치원과 저학년 부모님을 만나면 이런 질문을 많이 합니다. 아이들은 전래 동화를 좋아하는데 엄마들은 혹시나 아이가 좋다, 나쁘다, 좋은 사람, 나쁜 사람 이렇게 이분법적으로 생각할까 봐 염려하는 듯합니다. 예전에는 할머니들이 손자 손녀에게 이야기를 들려 주었지만 지금은 그러기가 쉽지 않습니다. 그렇다 보니 책을 통해 전래 동화를 접하게 됩니다.

전래 동화에는 여러 가지 장점이 있습니다. 어린아이들에게 이야기의 흐름을 따라가는 훈련을 위해 전래 동화처럼 좋은 것은 없습니다. 등장인물의 말과 행동으로 인물의 성격을 알게 되고 스스로 생각도 하게 됩니다. 권선징악을 통해 결과에 영향을 미치는 원인에 대해 자연스럽게 익히게 됩니다. 이를 통해 언어 발달이 이루어집니다. 자신의 생각에 대해 판단 능력이 생깁니다. 전래 동화는 한 개인의 창작물이 아니라 옛날부터 전해 내려오는 이야기이기 때문에 민족이나 국민들의 정서가 담기게 됩니다. 이런 전래 동화를 읽으면 문학 작품과 고전을 읽는 데도 도움이 됩니다. 아이들에게 선악을 주입시키지 말고 상황과 인과 관계, 이해관계를 살필 수 있도록 하면 좋을 듯합니다.

아이들은 판단력이 부족한데, 전래 동화를 읽으며 근거와 상황을 고려하여 판단하는 능력을 키우는 계기로 활용하면 좋을 듯합니다. 이때 엄마의 생각을 주입하거나 엄마가 특정한 생각을 정해 놓고 주제를 찾는 데 집중하는 것은 좋지 않습니다. 그러다 보면 이야기의 재미는 빠지고 교훈만 구호처럼 남게 됩니다. 아이가 이야기를 충분히 즐기면 좋습니다. 일어날 사건을 예측하며 상상력도 커집니다. 특히나 약자에 대해 측은지심을 갖는 것 또한 아이의 정서 발달에 좋습니다. 그리고 주인공이 어려움^{역경}을 이겨내는 부분은 위인전이나 영웅전의 내용과도 비슷합니다. 단어나 이미지, 소리 등으로 이야기를 전달하는 스토리텔링의 가치는 강조해도 지나치지 않습니다. 전래 동화를 통해 다양한 스토리텔링의 묘미를 경험할 수 있습니다.

같은 책만 계속 읽는 아이, 어쩌죠?

엄마의 질문: 책을 골고루 읽었으면 좋겠는데 우리 아이는 같은 책만 계속 읽어 달라고 하고 다른 책에는 흥미가 없는 듯해요. 어떻게 하면 골고루 읽게 할 수 있을까요?

책을 골고루 읽어야 한다고 생각하나요? 아이가 책을 좋아했으면 좋겠다는 생각을 가지고 있지 않나요? 계속해서 같은 책을 읽어 달라고 하거나 같은 책을 읽는 것은 아이가 그 책을 좋아하고 재미있어서 그런 겁니다. 재미가 없는데 계속 그 책을 읽어 달라고 하거나 계속해서 읽겠어요? 아이 입장에서 생각하면 아무 문제가 없습니다. 그런데 엄마 입장에서 생각하니 문제입니다. 엄마는 내용을 알고 나면 그 책을 다 읽었다고 생각하지만 아이는 책을 읽을 때마다 새로운 것을 발견합니다. 특히 아이가 어릴수록 볼 때마다 새로운 생각을 하게 됩니다. 지난번 읽을 때의 기억과 관심을 가지고 읽기 때문에 또 다른 재미를 느낍니다.

엄마들은 책을 읽을 때 글자 위주로, 내용 위주로 읽게 됩니다. 그러나 아이들은 그림 위주로 보고, 글자를 읽는다 해도 그림에 더욱 푹 빠질 때가 많아요. 어제 미처 보지 못한 구석에 있는 개미를 새로 발견한다거나 어제 자신이 본 나비의 모습이 오늘은 달라져 있다고 느낍니다. 어른들처럼 똑같은 눈으로 보지 않습니다. 아이들은 싫증을 잘 내기 때문에 재미없으면 절대 흥미를 갖지 못합니다. 싫증도 빨리 냅니다. 그러므로 거듭해서 본다는 것은 재미가 있다는 뜻이고, 재미가 있으니 깊이 읽기가 된다는 뜻입니다. 눈에 보이는 것들과 대화를 하고 자기 이야기도 하고 싶은 것입니다. 아이를 탓할 게 없습니다. 아이가 왜 그렇게 책을 보는지 아이 입장에서 생각해 보면 이해가 갑니다.

엄마가 책을 빌려오거나 전집을 산다면, 그것은 엄마의 책 읽기 계획이지 아이의 계획이 아닙니다. 엄마는 아이가 음식을 골고루 먹기를 원합니다. 이것 때문에 아이에게 잔소리하시잖아요. 책도 편독보다는 골고루 잘 읽었으면 좋겠다는 것은 엄마의 바람이고 계획이라고 생각합니다. 책을 잘 읽는 아이에게 골고루 읽으라고 아이가 좋아하는 책 말고 자꾸 다른 책을 읽으라고 잔소리를 한다면 아이는 오히려 책에 대한 흥미를 잃을 수 있습니다. 이런 경우 역시 주도권은 아이가 갖도록 하는 것이 중요합니다. 아이에게 여러 번 반복해서 같은 책을 읽는 이유를 물어보고 어떤 점이 재미있는지 물어봅니다. 그러면 아이는 그 이유를 말할 겁니다. 자신이 좋아하는 동물이 나온다든지, 어떤 사건이 재미있다든지 이유를 말할 것입니다. 그럼 아이의 생각을 존중해 주고 "○○가 △△공룡을 좋아하는구나. 그럼 △△공룡이 나오는 이 책도 한번 볼래?" 하고 아이가 좋아하는 요소를 담고 있는 다른 책으로 자연스럽게 유도하는 것이 좋습니다.

아이에게 문제가 있다면 아이 입장에서 아이의 의견을 존중하면서 해결하려고 할 때 빠른 해결 방법이 나옵니다. 아이들은 청개구리 기질까지는 아니더라도 강요하거나 엄마가 자신의 의견을 받아 주지 않을 것 같으면 더 고집을 부리기도 합니다. 초등학교 1, 2학년 때 골고루 읽혀야겠다는 계획을 가지고서 월요일 위인전, 화요일 과학, 수요일 창작, 목요일 역사, 금요일 사회 문화, 토요일 경제, 이렇게 읽기 계획표를 짜고 아이에게 책을 읽게 하는 엄마들이 있습니다. 이렇게 하면 아이는 자신이 좋아하는 장르를 알아낼 수 없고 읽는다는 행위에만 집중해 대충 읽을 수도 있습니다. 책 읽기가 습관이 되고 아이 자신이 좋아하는 책을 찾아서 읽게 되려면 책 읽기가 재미있어야 한다는 진리는 변함이 없습니다.

만화책은 보지 못하게 해야 할까요?

엄마의 질문: 만화책을 읽어도 책을 읽는 효과와 독서 습관에
도움이 될까요?

만화책에 대한 엄마들의 고민은 비슷한 것 같습니다. 만화책 하면 선정적이고 폭력적인 내용이 많다. 글보다는 그림 위주인데 책을 읽으면 길러지게 되는 사고력에 과연 도움이 될까? TV를 바보상자라고 했던 것과 같은 이치 아닐까요? 학창 시절에 요즘 아이들이 만화책을 즐기는 것처럼 만화책을 보지 않았고, 아예 전혀 보지 않은 엄마들도 많습니다. 예전에는 학습 만화를 요즘처럼 쉽게 찾아볼 수 없었습니다. 그런데 초등학교 4학년 교과서^{국어}에 만화나 영화를 감상한 뒤 학습 활동을 하는 단원이 나옵니다.

논술을 가르치던 초창기에 만화가 문학, 음악, 미술처럼 예술의 한 장르가 될 것이라는 이야기를 많이 했고, 영화 읽기와 만화 읽기를 통해서 통합적 사고력을 기르는 방법으로서 논술의 한 소재로 웹툰을 많이 사용하곤 했습니다. 요즘의 만화는 웹툰뿐만 아니라 다양한 소재, 다양한 형태로 아이들에게 너무나 친숙하고 늘 접할 수 있는 장르로 자리 잡았습니다. 만화가에 대한 인식도 많이 달라졌습니다. 〈와이^{Why?} 시리

즈>가 초등학생들 사이에서 선풍적 인기를 얻으면서 과학과 역사, 신화뿐만 아니라 다양한 주제의 만화책들이 나왔습니다. 특히 학습용 만화는 글밥도 많고 설명도 충실합니다. 딱딱한 과학책을 읽기 힘들어하는 아이들은 학습 만화로 시작하는 것도 괜찮습니다, 역사도 만화로 된 것 중에 괜찮은 것이 있습니다. 더구나 역사나 과학은 사실을 왜곡할 수 없습니다. 단지 그림이 많다 보니 내용이 자세하지 않고 풍부하지 못하다는 단점이 있을 수 있습니다. 그러나 과학은 오히려 그림을 통해 더 잘 설명할 수 있는 부분도 있습니다. 특히 아이들은 시각적 자극에 잘 반응합니다.

책을 읽기 힘들어하는 아이들에게 역사나 과학을 중심으로 만화책을 접하게 하는 것은 괜찮다고 봅니다. 그리고 책은 한 권을 다 읽어야 성취감을 맛볼 수 있습니다. 교과서도 이런 부분을 언급하고 있습니다. 이런 면에서 만화책은 도움이 될 수 있습니다. 단지 명작을 만화로 읽기에는 좀 무리가 있을 수 있습니다. 문맥적 의미나 행간의 의미, 비유 같은 것과 인물의 갈등이 주된 요소들인데 그것을 만화를 통해 다 나타내기 힘들고, 그림에 인물들의 표정과 성격이 드러나기 때문에 조심해야 할 부분도 있습니다. 그리고 교과서를 기준으로 해도 3학년부터는 내용이 길어지고 4학년부터는 더욱 두꺼워진 책을 읽어야 하므로 만화책으로 대체할 수 없는 부분도 있습니다.

그렇지만 책에 흥미를 느끼지 못하고 두꺼운 책을 읽기 힘들어하는 아이들은 친근하게 느끼는 만화책으로 읽기를 시도하고 점차 긴 글로 옮겨 가는 것도 괜찮다고 생각합니다. 중학생들이 읽는 《쥐 1》, 《쥐 2》 같은 만화책은 오히려 만화책이라서 더욱더 잘 전달되는 면이 있습니다. 만화책이라고 해서 무조건 멀리할 것이 아니라 적절하게 활용하는 것은 괜찮습니다. 아이들은 만화책을 못 보게 해도 핸드폰으로 만화를 많이 접할 수 있으므로 차라리 읽어도 좋은 종이책으로 된 만화책을 읽게 하는 것이 낫습니다. 5학년 교과서에 만화책 보기와 영화 감상 후 활동하기가 나옵니다. 이제는 아이들에게 만화를 무조건 못 보게 하기란 어렵습니다. 좋은 만화를 선택할 수 있게 하는 것이 더 중요합니다.

책을 읽으려고 하지 않는다면?

엄마의 질문: 책에 흥미가 없어요. 도통 읽으려고 하지 않아요. 어떻게 하면 좋을까요?

아이가 책 읽기에 왜 흥미가 없을까요? 아이 입장에서 생각해 보세요. 우선 어릴 때 엄마랑 책 읽기를 하지 않았다면 혼자서도 책 읽는 습관이 들지 않을 수 있습니다. 이런 아이들은 독서력이 부족할 수 있습니다. 저학년이라면 엄마가 소리 내어 읽어 준 다음 아이가 소리 내어 읽어 보도록 할 필요가 있습니다. 소리 내어 읽기를 유창하고 정확하게 못한다면, 혼자서 책을 읽기가 힘들고 재미도 느끼지 못합니다. 이런 아이들은 우선 책 읽기에 재미를 붙이는 것이 중요합니다. 그래서 엄마랑 책 읽는 시간을 정해 소리 내어 읽기부터 해야 합니다. 엄마가 한 쪽을, 아이가 다른 한 쪽 읽기를 3개월 이상 매일 하는 것이 좋습니다.

둘째, 엄마가 책을 읽고 부담을 주었다면 아이는 점점 책 읽기에 흥미를 잃을 수 있습니다. 책 내용을 물어보고 아이가 모르고 있거나 잘못 대답하면 주의를 주고 잔소리를 하거나 매번 독후감을 쓰게 하는 압박을 줘도 아이들은 부담스러워 책을 잘 읽지 않을 수 있습니다. 이런 아이들에게는 스스로 문제를 만들어 보게 한다거나, 매번 독후감을 쓰는 대신 다른 방법으로 책 읽은 것을 기록하게 하면 좋을 듯합니다.

셋째. 자신이 읽고 싶은 책보다 엄마가 골라 주고, 엄마 입장에서 공부에 도움이 되는 책만 읽도록 하면 아이들은 책 읽기에 점점 흥미를 읽게 됩니다. 아이들은 성적이나 공부에 대부분 부담을 느끼고 있는데 책조차 공부를 위해서 읽는다고 생각하면 부담스러울 수밖에 없습니다. 이런 아이들은 좋아하는 분야의 책을 우선적으로 읽게 하면 좋습니다. 그러면서 다른 책들도 읽게 해야 합니다. 저학년은 다양하게 읽고 고학년이 되면 좋아하는 장르의 책을 많이 읽어도 괜찮습니다. 우선 아이가 읽고 싶은 분야의 책을 마음껏 탐독하도록 해 주는 것이 좋습니다.

넷째, 책을 읽어야 하는 이유나 필요성을 잘 모르기 때문에 안 읽는 경우가 있습니다. 이것에 대해서는 부모들도 확신하지 못하는 부분이라고 생각합니다. 책을 읽는 것은 이해력과 사고력뿐만 아니라 배경지식과 문해력의 기초를 쌓는 일입니다. 그러나 아이들은 이런 필요성을 직접 체험하지 못해 그 중요성을 알지 못할 수 있습니다. 다행히 4학년부터 6학년까지는 국어 교과서에 독서 단원이 포함되어 잘 정리되어 있습니다. 책을 읽고 해야 하는 활동들도 소개가 잘 되어 있습니다. 독서가 중요하다는 의미입니다. 교과서 뒤에 실린 작품 소개란을 보고 미리 전문을 읽어 수업에 도움을 받는 경험을 해 보도록 하는 것이 좋을 듯합니다. 특히 고학년에게는 미리 전문을 읽는 것이 수업 시간에 크게 도움이 됩니다.

다섯째, 가족들이 책을 안 읽으면서 아이에게만 책을 읽으라고 잔소리하는 경우가 있습니다. 이럴 때는 엄마와 아이가 함께 책 읽는 시간을 정해 같은 장소에서 읽으면 좋을 듯합니다. 처음에는 시간을 길게 잡지 말고 15~20분 정도, 아이가 읽고 싶은 책 위주로 읽게 하면 좋을 듯합니다. 점차 시간을 늘릴 경우에도 아이와 합의하고 하는 게 좋습니다. 66일 정도 지나야 습관이 됩니다. 처음에 힘들더라도 꾸준히 해서 습관을 들여야 합니다. 이때 읽은 책 목록도 정리해서 성취감을 느끼게 하는 것도 좋습니다.

여섯째, 독해력이 떨어져 책 읽기가 힘들고 자기 학년보다 쉬운 책만 읽으려고 하는 경우입니다. 이런 경우는 세심한 주의가 필요합니다. 이때는 쉽고 아이가 좋아하는 책을 선택하는 것이 우선입니다. 모르는 낱말을 확인하고 책을 통해 알 수 있는 내용을 질문해 보고 자신의 생각을 말해 보도록 하는 활동부터 시작합니다. 특히 교과서 내용을 정확히 이해하는 것부터 차근차근해서 자신감을 갖게 하는 것이 좋습니다. 우선적으로 교과서 뒤에 소개된 작품을 읽게 하는 것이 좋습니다. 그 책을 한 번만 읽지 말고 두세 번 읽으며 내용을 정리하고 중심 생각^{주제}을 찾아보게 합니다. 인물의 성격과 사건을 순서에 따라 정리해 보는 것도 좋습니다.

책을 안 읽으려고 하는 이유는 아이들마다 다 다릅니다. 아이 입장에서 원인을 찾아야 문제가 해결됩니다.

또래보다 문해력이 부족한 아이, 무엇부터 해야 할까요?

엄마의 질문: 당장 문해력이 급한 아이는 어떻게 할까요?
단어 암기라도 해야 할까요?

수학을 잘하는 아이들을 보면 잘 알지 못하거나 풀리지 않는 문제가 나온다고 해서 바로 답안지를 보지 않습니다. 문제를 여러 번 읽어 보고 문제의 의도를 생각하며 자신이 풀 수 있는 방법 등을 동원해서 끝까지 풀어 보려고 합니다. 시간이 많이 걸려도 여러 가지 방법을 시도해 봅니다. 그 과정에서 자신이 알고 있는 것과 모르는 부분을 알게 됩니다. 이런 과정을 거친 후에 답안지를 보면 훨씬 더 잘 이해하고 문제점도 잘 알게 됩니다. 그러나 이런 과정 없이 바로 답안지를 보면 단지 그렇구나 하고 끝나기 쉽습니다. 내 것으로 만들지 않고 그런 거구나 하고 끝냈기에 다음번에 유사한 문제가 나오면 또 모를 수 있습니다. 못 푸는 문제는 계속 못 푸는 경우가 많습니다. 그래서 유형별 문제집이 유독 수학에 많은 듯합니다.

독서도 마찬가지입니다. 정독을 하지 않고, 나라면 어떻게 할까? 어떻게 생각하나? 주제는 무엇인가?^{주제는 모든 장르의 독서에 다 있습니다} 이런 생각을 스스로 해 보지 않고 읽거나 다른 사람^{선생님이나 참고서 등}이 설명해 놓은 것을 읽으면 '아, 그렇구나!' 하고 끝내게 됩니다. 이런 습관부터 고쳐야 문해력이 좋아집니다. 늦은 때는 없습니다. 수능 국어 50점 정도 아이가 문제집을 푼다고 해서 성적이 오르지는 않습니다. 차라리 책을 정독하고 문제 해결력을 기르는 문해력 독서, 즉 나라면 어떻게 할까? 주제는 무엇일까^{무엇을 말하려고 하는 걸까}? 왜 이런 이야기를 하는 걸까? 이런 생각을 정리하며 4, 5권의 책을 읽는다면 성적을 올리기가 쉽습니다.

　교과서^{국어, 사회, 과학, 실과 등}에 제시된 문제들을 학교 진도에 맞춰 자신의 힘으로 해결해 보기를 우선 권합니다. 어휘력이 약할 경우가 많으니 교과서에 나오는 어휘를 사전적 의미로, 그리고 문맥적으로 이해하기 바랍니다. 국어 교과서를 기본으로 학년이 올라갈수록 사회, 과학, 실과 같은 과목에 나온 어휘들 특히 학습에 관련된 어휘, 개념들을 충분히 이해하도록 합니다. 학년별로 모아 놓은 어휘를 보고 뜻을 설명할 수 있거나 활용할 수 있는 어휘^{짧은 글짓기나 예시를 제시할 수 있는 경우}는 제외하고 모르는 어휘 위주로 사전이나^{교과서에 사전 찾는 법 참고} 교과서에서 찾아 문맥적 의미를 알 수 있도록 합니다. 4학년 이상은 교과서를 정독하며 모르는 어휘를 표시해 보고 정확한 뜻을 익히도록 합니다. 교과서에 나오는 어휘들은 반복해서 나오므로 그냥 넘어가면 안 됩니다. 다시 강조하지만 국어 교과서뿐만 아니라 사회, 과학, 도덕, 실과 교과서도 꼼꼼히 살펴봅니다.

문해력을 위해서는 교과서에 나와 있는 문제를 생각해 보고 글로 써 봐야 합니다. 자습서를 읽고 그냥 이해하는 수준에서 넘어가면 문해력을 기르는 데 도움이 안 됩니다. 눈으로 읽기만 하는 것은 마치 스위스를 TV로 보고 마테호른에 가봤다고 생각하는 것과 같습니다.

권장 도서 위주로 봐야 하나요?

엄마의 질문: 추천 도서, 권장 도서 위주로 읽혀야 하나요?
도서 선정은 어떻게 하나요?

　유치원 때까지는 엄마의 주도 아래 책을 선정하고 책을 읽힙니다. 물론 아이가 좋아하는 책이 있겠지만 주로 엄마의 의도대로 책을 선정하고 읽어 주고 시간도 엄마가 정하게 됩니다. 초등학교에 들어가면 대부분의 학교에서 도서 목록을 제시하거나 독서 기록장을 사용합니다. 학교에서 제시하는 도서 목록을 참고하여 읽는 것도 좋지만 교과서 맨 뒤에 실린 목록의 작품들을 먼저 읽어 보는 것이 좋습니다. 교과서에는 일부만 실려 있거나 내용과 그림이 다를 수도 있기 때문에 원 작품을 먼저 읽어서 수업 시간에 잘 이해할 수 있도록 하면 좋습니다. 한꺼번에 다 읽지 말고 수업 전에 읽는 것이 방법입니다. 1, 2학년 때는 양도 적고 권수도 몇 권 안 되지만 학년이 올라갈수록 많은 책이 나오고, 사회 과목에서도 읽기 자료를 제시하니 다른 과목의 책까지 읽으면 좋습니다. 독서를 좋아하지 않는 아이들은 이것부터 읽히는 것이 중요합니다.

　독서 수준은 아이에 따라 많은 차이를 보입니다. 따라서 추천 도서나 권장 도서도 정확히 아이에게 맞는 선택이라고 할 수 없습니다. 일례로 우리가 잘 아는 《어린 왕자》가 학교에 따라 초등학교 4학년 권장 도서로 또는 중학교 1학년 권장 도서로 나오는 경우가 있습니다.

책을 읽다 보면 자신이 좋아하는 분야의 책만 읽는 아이들이 있어요. 그래도 괜찮다고 생각합니다. 역사책과 과학 책만 좋아하고 동화나 소설은 재미없다고 잘 읽지 않으려는 남학생이 있습니다. 제가 가르친 아이도 초등학교 4학년부터 중학교 1학년까지 계속 그랬습니다. 과학과 역사책을 읽고 수업할 때는 수업을 주도하고, 배경지식이 많아 설명을 잘하던 아이입니다. 그런데 소설은 꾸며 낸 이야기라서 재미가 없고 감동도 없다고 했습니다. 그런데 중 2학년 때 《폭풍의 언덕》을 읽고 갑자기 느낌과 생각을 1,500자 이상 써 왔습니다. 전에는 보통 두세 줄 썼거든요. 인물들의 성격을 자신의 생각을 담아 잘 분석하고 사회적 배경과 연결시켜 써 왔습니다. 그동안 좋아하던 역사의 배경지식이 힘을 발휘한 것입니다. 5학년 독서 활동에 다른 작품과 연결 지으며 읽기가 나옵니다. 이런 아이는 자신이 좋아하는 역사책을 읽으며 거기에 등장하는 위인을 찾아 위인전을 읽을 것이고, 그 시대를 배경으로 한 소설을 찾아 읽게 됩니다. 특히 풍자 소설에서는 다른 아이들이 이해할 수 없는 부분에서 작가의 의도를 찾아냅니다. 권장 도서보다 더 중요한 것은 아이가 좋아하고 관심을 갖는 분야부터 재미있게 읽히는 것입니다. 특히 필독서라는 독서 목록을 전적으로 신뢰할 필요는 없습니다.

책을 읽어도 내용을 모르겠대요

엄마의 질문: 책은 많이 읽는데, 읽어도 내용을 모르겠대요. 난독증일까요?
이럴 때는 어떻게 해야 할까요?

아이가 책을 읽어도 내용을 모른다면 제대로 읽지 못한 이유를 먼저 살펴봐야 합니다. 첫째, 책을 차분히 읽을 시간이 부족하기 때문에 그런 경우가 많습니다. 어려서부터 책의 권 수를 정해 놓고 정해진 시간에 읽게 한 아이들이 이런 경우가 많습니다. 이런 아이들 중에는 책을 많이 읽은 듯한데 내용을 제대로 파악하지 않고 읽은 경우가 많습니다. 저학년 때는 엄마가 내용을 물어볼 수도 있지만 학년이 올라갈수록 내용 이해를 확인해 보기가 쉽지 않습니다.

난독증은 아닌데 책을 빨리 읽고 읽어도 내용을 잘 모르는 5학년 남자아이를 상담한 적이 있습니다. 엄마는 책을 많이 읽어서 읽는 속도가 빠르다고 생각하고 속도는 아무 문제가 없다고 생각했습니다. 그런데 책을 그렇게 많이 읽은 아이가 학교 공부를 힘들어하고 시험도 잘 보지 못하자 엄마가 문제를 인식한 것입니다. 아이는 너무 빨리 읽는 게 문제였습니다. 차분하게 제대로 읽지 못하고 책장을 빨리 넘기기만 하면서 다 읽었다고 했습니다. 당연히 내용을 잘 모르고 읽기를 끝낸 겁니다.

엄마가 직장 생활하며 매일 읽어야 할 양만 확인하고 아이의 독해력과는 상관없이 책의 난이도를 계속 높였던 겁니다. 이런 아이들이 의외로 많습니다.

둘째, 흥미 없는 내용을 숙제나 강요에 의해 읽을 때 대충 읽거나 읽는 속도가 너무 느려 앞뒤 연결을 잘하지 못하는 경우가 있습니다. 이런 경우 책을 다 읽어도 내용을 잘 모릅니다. 한 권의 책을 읽다 말다 하면서 읽어 시간이 많이 걸리는 아이들도 이럴 수 있습니다. 중학생들에게 많이 나타납니다. 내용을 잘 아는 부분과 그렇지 않은 부분이 있는 아이들도 이 경우에 해당합니다.

셋째, 자기 수준에 비해 너무 어려운 책을 읽는 경우에도 이런 일이 생깁니다. 책을 필독서나 권장 도서 위주로 골라 자신의 수준보다 어려운 책을 읽는 아이들이 있습니다. 독서 수준은 개인별로 차이가 많이 납니다. 독서 수준은 판단하기가 쉽지 않습니다. 내용 이해는 되는데 깊이 읽기가 안 될 수 있습니다. 수학처럼 학년별로 꼭 알아야 할 내용이 무엇인지 알 수 없습니다. 자신이 좋아하는 역사는 어려운 책도 잘 읽으면서 싫어하는 과학은 해당 학년 권장 도서도 어려울 수 있습니다. 그럼에도 과학 책을 자신에게 맞게 수준을 낮춰 읽지는 않습니다. 그러니 어려울 수 있고 이해가 잘 안될 수 있습니다. 스스로 책을 많이 읽었다고 생각하는 아이들은 제대로 책 읽는 습관이 안 들었어도 자기 수준보다 높은 책을 선택하는 경우가 많습니다.

이런 아이들은 이야기_{소설, 동화, 위인전}를 읽으면 사건 위주로 이야기의 흐름에 따라 정리하는 습관을 갖는 것이 좋습니다. 인물의 성격도 파악해서 정리해 보는 것입니다. 과학이나 역사책을 읽으면 생각 가지^{마인드}^맵로 정리하거나 핵심 단어 중심으로 정리하는 습관을 갖는 것이 좋습니다. 권장 도서나 필독서에 얽매이지 말고 자기 수준에 맞는 책을 선택하는 것이 무엇보다 중요합니다.

디지털 시대에 꼭 종이책이어야 하나요?

엄마의 질문: 요즘 전자책이 정말 잘 나오더라고요. 스마트폰으로도 좋은 글을 많이 읽을 수 있고요. 이런 시대에 꼭 종이책을 읽어야 할까요?

노르웨이 스타방에르대 심리학과, 영국 개방대 유아교육·발달학과 공동연구팀은 독서 습관을 기르고 문해력을 높이는 데는 전자책보다 종이책이 훨씬 도움이 된다고 10일 밝혔습니다. 이 같은 연구 결과는 교육학 및 심리학 분야 국제학술지《교육연구 리뷰》3월 9일자에 실렸습니다. 연구팀은 1~8세의 남녀 아동 1,812명을 대상으로 한 종이책과 전자책 사용에 따른 이해력과 어휘력, 독서 습관 변화와 관련된 연구 30개를 메타분석 했습니다. 분석 결과 아이들은 전자책을 접하면 새로운 장난감을 얻었다고 여기는 것으로 나타났습니다. 전자책은 스마트폰이나 컴퓨터, 태블릿 PC와 사용법이 유사하기 때문입니다. 또 아동 대상 전자책들은 아이들의 주목도를 높이기 위해 다양한 시각 효과를 사용하는데, 이는 이야기에 대한 집중도를 떨어뜨릴 수 있고 책의 완성도도 낮추게 된다고 합니다. 2021. 3. 11. 서울 신문 사이언스톡

아이들이 스마트폰을 보거나 디지털 기기를 볼 때 보이는 집중력은 가짜 집중력이라고 했습니다. 초등학교 1학년의 집중력은 평균 15분이

라고 합니다. 이런 아이들에게 디지털 기기를 주면 중요도와 상관없이 아이 자신이 보고 싶은 것만 보려고 하게 되고, 시각적 자극만 하는 후두엽만 발달시키게 됩니다. 반면에 전두엽^{감정, 운동, 지적 능력 자극}과 측두엽^{언어기능}의 기능을 저하시키고 뇌 신경망 생성 시기인 0세~10세 사이에 시냅스 가지치기를 하는 것이 가장 큰 문제라고 지적했습니다. ^{2020.} ^{10. 6. tv N 인사이트 뉴노멀 강연쇼. 미래수업/ 노규식 박사}

요즘 선생님들은 공지 사항을 SNS에 올려 놓아도 글이 길면 아이들이 읽지 않아서 카드 뉴스나 영상을 만들어 올린다고 합니다. 문해력 교육을 중시하고 시험도 보는 이탈리아에서도 요즘 이른바 TL;DR^{too long;} ^{didn't read: 너무 길어서 읽지 않았다. 2013년 옥스퍼드 사전 온라인에 추가}이 심각한 문제로 대두되고 있습니다. 이런 현상의 공통점은 전자 기기를 지나치게 의존하면서 나타난 현상이라고 전문가들은 진단합니다.

전자책도 책이니 상관없다고 생각할 수 있지만 인지 능력이 비슷한 두 학생을 선발해 종이 테스트지와 태블릿을 주고 테스트를 했는데 문제를 푼 속도에서는 2~4배 차이, 오답률에서는 2~3배 정도의 차이로, 종이로 푼 아이가 좋은 결과를 냈습니다. 그래서 동일한 아이들에게 도구를 바꿔 다시 테스트를 했더니, 이번에도 종이로 푼 아이가 좋은 결과를 냈습니다. 그 아이들은 태블릿으로 읽을 때 이해가 잘 안돼 2, 3번 읽었다고 했습니다. ^{2013. 5. 13. 뉴스플러스. MBC} 책을 읽을 때는 스스로 생각하고 내용을 정리하면서 읽어야 하는데, 초등학생, 중학생들의 뇌가 전자

책을 디지털 기기로 인식하기 때문에 효과면에서 떨어진다고 볼 수 있습니다. 초등학교 때는 종이책으로 책을 읽으며 다양한 감각을 발달시키고 집중력을 키우고 문해력을 키우는 것이 적절하다고 생각합니다.

글 읽을 시간을 어떻게 확보하나요?

엄마의 질문: 책 읽을 시간이 없어요. 어떤 날은 아이가 저보다 바쁜 것 같은걸요.

책 읽을 시간이 없다는 것은 주로 엄마들의 생각일 수 있습니다. 아이들이 저학년일 때는 책 읽을 시간이 없다고 생각하는 엄마들이 거의 없는데 4학년 때부터 엄마들은 교과에 대한 부담과 선행 학습을 해야 한다는 불안감에 책 읽을 시간이 부족하다고 느낍니다. 초등학교 때부터 책 읽을 시간이 없다고 생각하면 중고등학교에 가서는 진짜 책을 읽지 못하게 됩니다. 그런데 독서는 이해력과 사고력, 창의력을 기르는 것이기 때문에 초등학교 때만 하고 멈추면 제대로 효과를 볼 수 없습니다. 수능 만점자들이 한결같이 하는 얘기가 고등학교 때까지 독서를 꾸준히 했다는 것입니다.

그렇다면 그 아이들은 시간이 많아서 독서를 했을까요? 누구보다 학교 공부와 시험 공부를 열심히 한 아이들입니다. 어떻게 그런 일이 가능할까요? 초등학교 때부터 꾸준히 독서를 한 아이들은 이해력이 높고 사고력이 깊기 때문에 속독을 배우지 않아도 책을 빨리 정확하게 읽습니다. 그리고 책을 읽은 것이 배경지식이 되고 메타 인지에 영향을 끼칩니다. 초등학교 3학년부터 고 3까지 꾸준히 책을 읽은 아이들은 《이기적 유전자》같은 책을 방학 때 한 주 만에 읽어 오고 글도 써 옵니다. 이런 것은 초등학교 때부터 꾸준히 독서를 했기 때문에 가능한 일입니다.

초등학교 저학년 때는 매일 책 읽을 시간을 30분 이상 주도록 하면 좋겠습니다. 고학년은 주중에 2~3번이라도 책 읽을 시간을 1시간 이상 확보해야 합니다. 예를 들면 학원 시간표처럼 화, 목 3~4시 이렇게 정해 놓고 다른 것은 하지 않고 책을 읽어야 합니다. 교과서에 안내한 것처럼 독서 계획을 세우고 미리 독서 목록을 정해 놓아야겠지요. 그리고 주말에도 시간을 정해 놓고 그 시간에는 반드시 독서를 합니다. 방학 때는 하루 1시간이라도 매일 책을 읽습니다.

학교와 학원을 다니느라 책 읽을 시간을 확보하기 힘들어지는데, 거기다가 책 읽기에 재미를 못 느낀다면 책 읽기는 더욱더 뒷전으로 밀리게 됩니다. 그러므로 초등학교 때 독서 습관을 잡고 좋아하는 장르의 책을 꾸준히 읽도록 해야 중학교에 가서도 책을 멀리 하지 않습니다.

부모가 독서 시범을 보여도 따라 하지 않아요

> 엄마의 질문: 부모가 먼저 책 읽는 모습을 보여주라고 해서 시도해 봤어요.
> 아이는 읽지 않고 저만 읽고 있더군요. 어쩌죠?

교육서나 독서를 안내하는 책을 보면 한결같이 부모가 아이에게 독서하는 모습을 보여 주라고 말합니다. 마치 부모가 독서하는 모습을 보여 주면 아이가 저절로 독서 습관이 생기는 것처럼 강조합니다. 심지어 책을 잘 읽지 않는 아이들은 부모가 책 읽는 모습을 보여 주지 않아서 책을 안 읽는 것처럼 말합니다. 그러나 아이에게 책 읽는 모습을 보여 주고 실제로 독서 모임도 하며 자신^{엄마}은 책 읽기를 좋아하는데, 아이는 책을 안 읽는다고 의아해하는 엄마들이 종종 있습니다. 책 읽기는 타고난 능력이 아닙니다. 그냥 저절로 길러지는 습관이 아닙니다. 아이들에게 양치질의 중요성을 아무리 강조해도 잘 지키지 않아 계속해서 잔소리해야 하는 경우가 많습니다. 3분 이내에 끝낼 수 있는 일인데도 아이들은 그것을 힘들어합니다. 왜 그럴까요? 엄마가 양치질하는 모습을 보여 주지 않아서 그런 걸까요?

타고난 능력이 아닌 것을 습관화하는 것은 그만큼 어려운 것 같아요. 재미있는 일이면 그런 노력을 하지 않아도 되지만 책 읽기는 어른들도 그 필요성을 알지만 습관 들이기가 쉽지 않습니다. 하물며 아이들은 책 읽기의 장점을 아직 잘 모르는데 가만히 앉아서 차분하게 책을 읽는다는 게 쉬운 일이 아니지요. 어렸을 때부터 엄마가 매일 시간을 정해 놓고 책을 읽어 주었다면 그래도 쉽게 습관이 들겠지요. 저학년이라면 부모와 아이가 같은 책을 읽으며 내용을 공유하는 것이 좋습니다. 1, 2학년이라면 소리 내서 읽기 같은 활동을 해 보는 것도 좋고요. 천천히 읽되 너무 많은 질문을 일방적으로 하지 말고 엄마의 느낌을 먼저 이야기하는 것이 좋습니다. 또는 엄마가 먼저 읽고 책을 권해 보는 것도 좋습니다. 이때 엄마가 책을 권하는 이유를 공부나 교훈과 연결시키지 말고 재미있는 부분을 살짝 언급하며 흥미를 갖도록 하면 좋을 듯합니다.

또 한 가지 다른 방법은 아이와 함께 독서 계획을 세워 보는 것입니다. 아이에게 벅찬 계획 대신 아이가 편안하게 읽을 수 있도록 계획을 세우는 것이 좋습니다. 이때 아이가 선택한 책인데도 조금 읽다가 재미가 없어서 못 읽겠다고 하면 이유를 물어보고 그대로 수용해 주세요. 어른도 서문이나 목차를 보고 선택했어도 읽다 보면 생각했던 것과 거리가 있을 때가 많아요. 베스트셀러나 많은 사람이 추천하는 책을 읽을 때도 다른 사람들과 나의 느낌이 전혀 다를 때가 종종 있습니다. 그러므로 아이가 선택한 책이라도 반드시 끝까지 읽어야 한다고 생각하거나 아이가 선택했으니 참고 끝까지 읽으라고 강요하면 오히려 아이에게 부담을 주고, 함께 책 읽기를 하는 데 역효과만 납니다.

단지 한 공간에서 엄마와 아이가 다 책을 읽는다고 아이에게 독서 습관이 생기는 것은 아닙니다. 저학년 때는 아이와 함께 독서를 하고 그후에도 아이가 읽는 책에 관심을 가져 줘야 합니다. 엄마가 재미있게 읽은 책을 아이에게 자연스럽게 권해 줘야겠지요. 아이가 재미있게 읽은 책이 무엇인지 아는 것도 좋습니다. 그 책을 읽고 아이와 함께 이야기를 나누면 아이의 생각을 알 수 있고 어떤 도움을 주어야 하는지 알게 됩니다. 책을 통해 아이와 소통하는 기회를 갖고 계속해서 책을 함께 읽는 것이 중요합니다.

독후감 때문에 매번 싸워요

엄마의 질문: 아이가 책을 읽은 뒤 독후감을 쓰지 않아요. 독후감을 써야 좋을 텐데요.

아이들은 책을 재미있게 읽어도 엄마가 독후감을 쓰라고 하면 책 읽기에 부담을 느끼고 흥미를 잃을 수 있습니다. 엄마 입장에서는 일기 쓰기도 학교에서 강제적으로 시키지 않으니 아이들이 쓰기를 힘들어하고 어쩌다 쓴다 해도 허술하다 보니 책 읽은 다음 독후감이라도 쓰게 해야겠다고 생각합니다. 독후감을 쓰려면 내용을 간추려야 하고 자신의 생각과 느낌도 써야 합니다. 교과서에 글을 읽고 내용 간추리기와 자신의 느낌과 생각을 말하거나 써 보는 활동이 많다 보니 독후감 쓰기는 좋습니다. 책의 내용을 간추려야 하므로 그러기 위해서 내용을 기억해야 하고 자세히 읽게 됩니다. 그 결과 이해력도 좋아집니다. 또한 자신의 느낌과 생각을 쓰다 보면 사고력과 비판적 능력도 길러지므로 독후감을 쓰는 것은 책 읽기와 함께 좋은 일입니다.

그런데 문제는 아이들이 독후감 쓰기를 힘들어하고 잘 쓰려고 하지 않는다는 것입니다. 특히나 요즘 아이들은 컴퓨터에 익숙해서 손으로 직접 쓰기를 더욱 어려워합니다. 글씨체도 예전 아이들보다 못한 경우가 많고요. 그러다 보니 책을 읽은 후 엄마와 실랑이를 많이 합니다. 아이들은 책 읽기는 좋아도 독후감 쓰기는 싫다고 하고, 독후감 쓰기가 싫어서 책 읽기도 싫다는 지경에 이르는 경우도 있습니다.

저는 읽은 책 모두 독후감을 쓰도록 강요히지 않아도 되나고 생각합니다. 차라리 독서 기록장과 독서 일지를 만들어 읽은 책의 제목과 장르를 표시하고 한두 문장으로 평을 써 놓아도 된다고 생각합니다. 다만 읽은 책에 대해서는 다시 읽고 싶은 책 정도만 표시해 놓는 것이 좋습니다. 그러면 내가 주로 읽는 책의 장르는 무엇인지 알 수 있고, 나중에 그 장르 중에서 가장 재미있게 읽은 책을 선택해 특성이 잘 드러나도록 독후감을 써 보면 됩니다.

독후감을 쓸 때도 다양한 방법으로 쓰는 것이 좋습니다. 추천하는 글로 써도 좋고, 주인공에게 편지 쓰기, 시로 표현하기, 뒷이야기 쓰기_{전부 교과서에서 소개하고 있는 방법들입니다} 등 자신이 적합하다고 생각하거나 쓰고 싶은 대로 쓰면 됩니다. 특히 이때 독후감 내용을 지적하거나 부족한 점을 지적하지 말고 잘된 부분을 칭찬해 주세요. 아이들은 지적해서 고치기보다 칭찬을 통해 변화시키는 것이 빠르고 효과도 좋습니다. 칭찬을 들어 기분이 좋고, 잘하는 것이기에 더욱 잘하게 됩니다.

아이들은 재미있다는 한마디로 모든 느낌을 나타냅니다. 다른 생각과 느낌은 없습니다. 이 경우 자세히, 길게 쓰라고 해 봐야 아이들은 어떻게 길게 써야 하는지 모릅니다. "재미있었다."라고 썼다면 이 부분을 공략합니다. "재미있었어? 어디가 재미있었는데? 왜 재미있다고 생각했는데? 어떻게 하면 더 재미있을까?" 같은 질문을 통해 재미의 근거를 찾도록 하면 됩니다. 아이가 이유에 답을 하면 "그것도 써야 네가 재미있다는 말의 의미를 선생님도 알 수 있고 네 생각에 동의할 수 있어 좋았을텐데." 이렇게 말하면 아이들은 대부분 기분 좋게 받아들입니다. 처음에는 어설퍼도 다음부터는 조금씩 노력합니다. 독후감은 어른들도 쓰기 힘듭니다. 아이들은 더욱 힘들어합니다. 책 읽기가 재미있어야 하듯이 독후감 쓰기도 재미있어야 합니다. 독후감 쓰기가 힘들고 지겨워지면 기대하는 효과를 얻을 수 없습니다.

정독과 다독 중 무엇이 더 좋은가요?

> 엄마의 질문: 다독이 좋다고 해서 정말 많은 책을 읽도록 했어요. 그런데 어디서는 정독이 낫다고 하네요. 헷갈려요.

　정독과 다독에 대한 생각은 사람마다 다르고, 어른들에게도 책의 종류와 필요에 의해 다르다고 생각합니다. 초등학생을 기준으로 살펴보도록 하겠습니다. 저학년 때는 아직 자신이 좋아하는 분야를 잘 모르고 공부에 대한 부담도 덜합니다. 그러므로 다양한 책을 읽는 것이 좋습니다. 굳이 말하자면 다독이 되겠지요. 물론 집중할 수 있는 시간이 길지 않기 때문에 여러 권의 책을 한꺼번에 다 읽게 하는 것은 좋지 않습니다. 또한 한 장르의 책만 읽게 하는 것도, 싫증을 잘 내고 집중 시간이 길지 않은 저학년에게 적합하지 않습니다. 엄마가 골고루 읽히겠다는 계획으로 매일 다른 장르의 책을 읽게 하는 것도 바람직하지 않습니다. 무엇보다 아이가 선택한 책을 우선적으로 읽게 하고 간간이 엄마가 재미있는 책을 선택해 읽게 하는 것이 좋습니다.

　1, 2학년 때는 엄마가 책을 읽어 주고 아이도 함께 읽기 때문에 아이의 태도를 잘 관찰할 수 있습니다. 과학 책 같은 정보성 내용이 주로 담긴 책을 읽을 때는 천천히 정독하는 것이 좋습니다. 주로 엄마가 정해

놓은 제한된 시간에 책을 읽고, 정해진 양권수을 읽어야 하는 아이들 중에 책의 내용과 상관없이 모든 책을 같은 속도로 읽는 아이들이 있습니다. 이런 아이들 중에는 내용을 대충 읽거나 미처 이해가 안 된 부분도 그냥 넘어가기도 합니다.

엄마가 정해 준 하루 독서량에 따라 혼자서 책을 읽던 초등학교 5학년 남학생 중에 엄마 말처럼 책 읽는 속도는 무지 빨랐지만 정독이 안 되서 내용을 거의 파악하지 못한 채로 책을 다 읽었다고 하는 아이를 봤습니다. 그 아이의 엄마는 어려서부터 읽은 엄청나게 많은 양에만 치중했지 아이가 어떻게 읽고 있는지는 간과하고 있었습니다. 이런 아이들은 독서를 하지 않아서 독서 습관이 없는 아이들보다 잘못된 습관을 고치기 더 힘들 수 있습니다. 많은 책을 읽었다고 생각하고 자신의 수준 이상의 책을 선택하고 그 역시 정독하지 않습니다.

이렇게 책을 읽으면 문해력을 기대할 수 없습니다. 특히 다독에 치우치다 보면 깊이 읽기를 제대로 할 수 없습니다. 다독하는 습관이 든 아이들은 많이 읽기에 치중하느라 명작도 창작 동화 읽듯이 줄거리에 치우쳐 읽게 됩니다. 그리고 다독을 하다 보니 명작도 일찍이 다 읽었다고 생각하게 됩니다.

한번은 초등학교 4학년 여자 아이가 엄마와 함께 독서 지도를 받기 위해 상담을 왔습니다. 엄마는 아이가 어려서부터 엄청나게 많은 책을 읽었고 명작도 다 읽어서 앞으로 무슨 책을 읽혀야 하느냐고 물어서 난감했던 경험이 있습니다. 명작을 다 읽은 것과 이해하는 것은 다릅니다. 그 학년에 명작을 다 읽을 수는 있겠지만 사실, 문고판이 아니었다면 힘들지 않았을까요? 설령 다 읽었다고 해도 그 나이에 다 이해했다고 할 수 있을까요? 초등학교 4학년 때 읽었다는 선입견 때문에 중고등학교 때 안 읽고, 심지어 어른이 되어서도 읽지 않는다면 평생 명작을 제대로 이해했다고 할 수 있을까요? 초등학교 때 읽고 중고등학교 때 다시 읽으면 문제가 없습니다. 책 읽기를 마치 빨리 읽기만 하면 되는 선행 학습처럼 생각한다면 책 읽기의 효과를 기대하기 힘듭니다.

아이가 정독을 하고 책 읽는 재미를 느끼기 위해서는 책을 읽을 시간을 충분히 주되, 읽을 양을 정해 주지 않는 것이 좋습니다. 제가 독서 지도를 하면 일주일에 몇 권의 책을 읽느냐고 질문하는 엄마들이 많습니다. 장르와 깊이에 상관없이 모든 책을 다 1주일에 한 권씩 읽고 토론 수업을 할 수 있는 것은 아닙니다. 어떤 책은 몇 주에 걸쳐 읽고 토론하며, 필요하다면 글쓰기까지 할 수 있습니다. 1주일 만에 끝낼 수 있는 책이 많습니다. 그러나 그 이상의 시간을 들여 정독해야 하는 책들도 많습니다. 정독을 잘하는 아이들이 학습 독서도 잘하고 독후감도 풍부하게 쓸 수 있습니다.

전집과 단행본, 어떻게 선택해야 하나요?

엄마의 질문: 주변 엄마들이 좋은 전집을 추천해 줬어요. 단행본보다는 전집이 좋은가요?

전집 또는 단행본을 선택하는 이유를 먼저 생각해 보시면 좋을 듯합니다. 전집의 경우 주변의 권유에 따라 선택한다면 자칫 잘못된 선택이 될 수 있습니다. 아이가 아직 책에 호기심이 없고 책을 좋아하는지도 모르는 어릴 때 전집을 사는 경우가 많습니다. 그리고 엄마는 전집 책에 매겨진 순서대로 책을 읽기를 원합니다.

전집의 장점은 과학의 경우 다양한 분야를 깊이 있게 읽을 수 있고, 특히 연령에 맞게 선택하는 어려운 문제를 해결할 수 있다는 데 있습니다. 특히 요즘의 전집들은 교과와 연계가 잘 되어 있어 학습에 도움이 되고, 학습 자료 또는 백과사전 같은 역할을 하기도 합니다. 그래서 과학 전집은 대부분 구입하고 있습니다. 그러나 과학에 관심이 없는 아이에게 전집은 부담으로 다가옵니다.

위인전 또한 전집으로 되어 있는 경우가 많습니다. 전집은 엄마들이 위인전을 고르게 접하게 하고 싶은 마음을 잘 반영하고 있습니다. 그리고 요즘은 다양한 분야에서 업적을 쌓은 현대의 인물들, 아이들이 원하는 직업과 관련된 인물들을 많이 소개하고 있습니다. 그러나 위인전에 대한 호불호는 아이마다 갈립니다.

저학년 때 많이 읽히는 전래 동화나 신화도 전집으로 사는 경우가 있습니다. 이 분야의 전집을 살 때는 그림을 보는 재미도 한몫하기 때문에 이야기마다 다양한 표현 기법으로 표현한 전집을 선택하는 것이 좋습니다. 아이들에게 그림은 상상력을 자극하고 미적 감각을 기르는 데 중요한 역할을 하기 때문입니다.

아이에게 학습 진도를 뽑듯이 전집의 책들을 차례대로 읽으라고 강요하는 것은 좋지 않습니다. 전집 중에 아이가 흥미를 보이지 않는 책도 있을 수 있습니다. 전집을 급하게 권하는 것보다 여러 권의 책을 보여주다가 아이가 특히 관심을 갖는 분야가 생기면 그때 전집으로 준비하는 것이 좋습니다.

읽는 것을 잘하는데, 쓰는 것은 왜 싫어하죠?

엄마의 질문: 우리 아이가 글쓰기를 힘들어해요. 글을 읽는 것은 잘하거든요.
읽기와 쓰기는 함께 길러지는 능력 아니었나요?

책 읽기를 좋아하는 아이들 중에도 글쓰기를 힘들어하고 싫어한다고 하소연하는 엄마들이 많아요. 어떻게 하면 글쓰기를 잘하게 할 수 있을까요? 이렇게 질문하는 경우가 많아요. 과연 글쓰기는 쉬울까요? 글쓰기는 말하기 읽기, 듣기, 쓰기 중에 가장 어렵습니다. 물론 말하기, 읽기, 듣기도 제대로 하려면 어렵지만 쓰기는 그중 제일 어려운 일입니다. 대학에서도 글쓰기 강좌가 따로 있을 정도니까요. 아이들이 어렵게 몇 줄 써 놔도 엄마들이 보기에 영 못마땅하고 내용이 부실해서 아무리 칭찬해 줄 곳을 찾으려 해도 찾을 수가 없다고 하소연합니다. 책 읽기가 저절로 되는 것이 아니듯이 글쓰기도 저절로 되는 것이 아닙니다. 그렇다고 해도 아이들은 왜 이렇게 글쓰기를 힘들어할까요? 아이들 입장에서 생각해 봐야 문제를 해결할 수 있습니다.

첫째, 아이들은 손으로 글씨를 쓰는 것 자체를 힘들어합니다. 글씨를 많이 써 보지 않았고, 그나마 몇 번 있는 경우도 자판으로 주로 쓰다 보니 손으로 글을 쓰는 것이 힘듭니다. 그리고 내용과 상관없이 글씨체에 대해 잔소리를 듣게 됩니다. 아이들은 글씨를 잘 써야 하는 필요성을 느끼지 못합니다. 글씨를 잘 쓰는 아이들이 많지 않은지 국어 교과서 뒤에 글씨 따라 쓰기가 6학년까지 부록처럼 붙어 있습니다.

요즘 아이들이 맞춤법에 약한 것도 손으로 글을 쓰지 않는 것이 하나의 요인인 듯합니다. 손으로 쓰는 것이 힘든 것인지 아니면 대부분 아이들처럼 글감이 없어서 못 쓰는 것인지 원인을 정확히 알아야 합니다. 평소에 아이들의 생활은 거의 비슷해서 매일이 도돌이표처럼 이어집니다. 그리고 대부분 자신의 선택이 아닌 주어진 상황과 시간에 맞춰 공부하고 숙제하고 학원 가고 엄마의 허락을 받아 잠깐 게임을 하는 게 대부분입니다. 글쓰기는 대부분 체험을 바탕으로 자신의 생각과 느낌을 쓰는 것입니다. 아이들이 쓸 수 있는 글감이 거의 없어요. 매일 이벤트와 재미가 있다면 쓸 수 있는 글감이 많겠지만 그렇지 않으니 글감 찾는 일부터 아이들 입장에서는 만만치 않습니다. 아이들에게 가장 재미있었던 일을 써 보라고 하면 막연하게 생각하고 쉽게 글감을 찾지 못합니다. 그러나 여름 방학 때 여행 갔던 일에 대해서 써 보라고 하면 좀 더 쉽게 접근합니다. 자세히 보아야 보이듯이 글감을 세분화해 범위를 좁게 잡아서 쓰게 하는 것도 좋은 방법입니다.

둘째, 아이가 쓴 글에 대하여 지적을 하지 말아야 합니다. 그러면 나아질까 의심이 들겠지만 아이들에게는 지적보다 칭찬이 더 효과적입니다. 칭찬을 받은 것은 본인이 잘하는 부분이기 때문에 점점 더 잘하기가 쉽습니다. 그러나 지적당한 것을 고치기는 쉽지 않아요. 논술을 지도할 때 첨삭을 받은 다음 다시 써 보도록 하는 게 가장 중요합니다. 아이들은 지적받은 것은 이해가 가는데 다시 쓰기는 어렵고, 의식적으로 주의해도 고치기가 쉽지 않다고 합니다. 차라리 자신이 쓴 글을 다시 읽고 고쳐 보라고 하는 것이 효과적입니다. 이것은 퇴고한다는 의미도 됩니다.

청찬은 구체적으로 쓴 부분, 묘사가 잘된 부분, 느낌이나 생각이 드러난 부분을 중심으로 하면 됩니다. 예를 들면 일기를 썼는데 한 일을 적고 그때 느낌이나 생각을 간략하게 적었다면 "일기는 하루 중에 일어난 일을 쓰고 느낌과 생각을 쓰는 글인데 여기 느낌과 생각이 들어가 있네!" 하고 구체적으로 칭찬해 주세요. 그런 다음 "그런데 그때 이 생각 말고 다른 생각은 안 들었어?" 하고 물어보면 아이의 현재 생각도 들을 수 있습니다. 이때 "그 생각도 좋으니 그것도 쓰지 그러니. 그러면 더 생생하게 느낄 수 있고, 길게 쓸 수 있어 좋았을 텐데" 하고 말해 주세요. 아이들은 거부감 없이 받아들이고 쓰기가 조금씩 좋아집니다.

쓰기는 쉽지 않습니다. 생각을 정리해야 하고 정교하게 표현도 해야 하기 때문입니다. 말하기와 함께 쓰기는 비중이 점점 높아지고 중요해지고 있으니 교과서에 나와 있는 쓰기부터 열심히 하도록 합니다. 그리고 책을 읽고 나서 중심 내용을 정리하도록 합니다. 이것도 중요한 글쓰기입니다. 자신의 생각과 느낌을 근거를 들어 구체적으로 정리하도록 합니다. 쓰기도 독서만큼 습관이 되어야 잘할 수 있습니다.

책은 많이 보는데 공부에 도움이 안 돼요

> 엄마의 질문: 책을 많이 봐서 그런지, 아는 것도 많고 말도 잘해요. 그런데 학년이 올라갈수록 학교 공부에는 별 도움이 되지 않는 것 같아요.

이런 질문을 저학년 부모님들은 잘 안 하시는데 고학년 부모님들이 종종 하십니다. 아이가 책을 많이 읽으면 공부에 도움이 된다고 해서 많이 읽혔는데 학교 공부에 도움이 안 되는 것 같다는 것입니다.

'독서'의 범위에 대한 인식이 다양해짐에 따라 독서 범위에 대한 국민들의 의견을 확인했다. 성인의 경우 과반수가 독서에 해당한다고 응답한 항목은 '종이책 읽기'98.5%, '전자책 읽기'77.2%, '웹소설 읽기'66.5%였고, 학생의 경우에는 '종이책 읽기'91.2%, '전자책 읽기'74.2%, '만화책 보기/읽기'57.2% 항목이 과반수로 나타났다.

동의 수준이 높은 종이책과 전자책을 제외하면, 성인보다 학생이 종이책, 전자책 이외의 다른 매체종이 신문, 종이 잡지, 웹툰, 웹진, 소셜미디어 등를 통한 읽기 활동을 '독서'의 영역으로 인식하는 범위가 넓었다. 특히 성인·학생 모두 인터넷 신문 읽기, '챗북' 읽기 등도 독서에 해당한다고 응답한 비율이 적지 않아, 디지털 매체 환경에서 독서의 개념과 범위에 대한 인식이 변하고 있는 것으로 나타났다. '코로나19 발생 이후 독서 생활 변화'에 대해, 성인은 대체로 큰 변화가 없다고 응답했으나, 학생의 경우 '독서량', '종이책 독서 시간'이 증가했다는 응답이 40% 이상이었다. 다만 실제 학생의 전체 독서량과 종이책 독서 시간은 지난 조사와 비교해 증가하지 않아, 주관적 인식과 실제 독서 생활과는 차이가 있는 것으로 나타났다. 2021년 문화 체육 관광부 발표 2021년 국민 독서 실태 조사 결과

이처럼 코로나로 인해 집에 있는 시간이 많아졌음에도 불구하고 독서 시간은 실질적으로 늘어나지 않았습니다. 독서를 많이 한다는 것도 매우 주관적인 평가입니다.

독서 시간의 문제보다 더 중요한 것들을 몇 가지 짚어 보겠습니다. 첫째, 아이들은 책을 읽을 때 정독을 해야 하는데 정독을 하지 않습니다. 학교 공부를 잘하기 위해서는 교과서를 정독해야 하고 참고서도 정독을 해야 합니다. 그런데 아이들이 독서를 하는 매체가 다양해지고 매체의 특성상 정독이 힘들어지고 있습니다. 정독을 해도 완전히 이해를 하지 못하면 시험을 볼 때 헷갈리는 것입니다. 평소에 종이책을 읽거나 다른 매체를 통해 독서를 할 때 정독하는 습관이 들지 않은 아이들은 교과서를 보든 시험 공부를 하든 정독을 하지 못합니다.

둘째, 이해력과 사고력을 높이는 독서를 하지 않습니다. 정독을 하고

나서 나라면 어떻게 하겠는가? 글쓴이의 생각은 무엇인가? 읽은 책의 주제는 무엇인가? 같은 사고를 하지 않고 그냥 책만 읽고 나면, 글자를 읽기만 한 것이지 문해력을 키우는 독서를 한 것이 아닙니다. 그러니 독서를 해도 공부머리를 만들지 못한 것입니다. 특히 부모님이 책 읽기를 성적 올리는 수단으로 생각하고 학년이 올라갈수록 아이의 성향과는 무관하게 역사나 과학 책에 치중했다면 이 또한 별반 도움이 안 됩니다.

셋째, 초등학교 저학년 또는 초등학교 졸업 때까지만 독서를 많이 하고 중고등학교 때 독서를 소홀히 한 경우입니다. 초등학교 과정도 사고력이나 문해력 비중이 높지만 중학교와 수능을 준비하는 고등학교 공부는 사고력과 문해력이 본격적으로 중요하게 영향을 미치는 시기입니다. 배경지식의 차이도 학습에 많은 영향을 미칩니다. 특히 시험 범위가 넓어지고 교과서 이외에서 지문이 나오는 수능 국어를 보면 독서를 계속한 아이와 그렇지 않은 아이의 문제 해결 능력은 크게 차이가 납니다. 수능을 만점 받은 아이들은 공통적으로, 수험 생활을 하는 고등학교 3년 내내 독서를 했고 책을 많이 읽은 것이 도움이 되었다고 합니다.

부모가 읽을거리를 선정해 주어야 하나요?

> 엄마의 질문: 아이에게 좋은 책을 계속 골라주고 있어요. 그런데 언제까지 이렇게 해야 할까요?

초등학교 4학년 교과서⁴⁻¹ 나를 보면 책을 고르는 기준이 나와 있습니다. 그동안 독서를 꾸준히 해온 아이라면 이것을 참고로 아이 스스로 자신의 수준과 관심사에 맞게 책을 고를 능력이 있습니다. 이런 아이들은 위인전을 읽으면 그 시대가 궁금하기에 역사책을 볼 수 있습니다. 그리고 그 시대적 배경을 소재로 한 창작 동화를 찾아 읽을 수도 있습니다. 이런 능력을 아이가 갖추고 있다면 이제 책을 골라 주지 않아도 됩니다. 학교에서 제시하는 권장 도서 목록을 참고하여 아이가 스스로 독서를 할 수 있기 때문입니다. 그러면 자신이 읽고 싶은 책을 요구하게 됩니다. 자기 수준에 맞는 책을 고른다는 것은 독서력이 뒷받침되었다고 볼 수 있습니다.

그러나 이런 아이들도 모든 장르의 책을 다 좋아하는 것은 아닙니다. 일례로 어떤 아이는 역사와 과학을 좋아하고 이 분야에서는 자기 학년보다 훨씬 높은 수준의 책을 읽을 수 있습니다. 반면에 창작이나 이야기에는 흥미가 없어 자기 학년에 비해 다소 간단한 이야기를 읽을 수도 있습니다. 이것은 남자 아이들에게 종종 나타나는 현상입니다. 명작을 잘 읽고 독후감을 잘 쓰는 여자 아이들 중에는 과학 책에 관심이 없고 잘 안 읽으려 하는 아이들도 많습니다. 이럴 때 억지로 권장 도서 읽기를 강요하거나 아이가 좋아하는 책의 수준에 맞춰 어려운 내용을 읽도록 강요하는 것은 바람직하지 않습니다. 아이가 책 읽기를 좋아하지 않고 책에 관심이 없다고 급한 마음에 권장 도서라도 읽게 해야겠다고 강요하는 것 또한 바람직하지 않습니다.

아이가 책을 읽으려 하지 않는다면 그럴만한 이유가 있을 것입니다. 아이의 수준에 비해 어려운 책에 부담을 느끼고 흥미롭지 않은 분야의 책 읽기를 강요받을 때도 아이들은 책 읽기를 멀리합니다. 아이가 자기 학년의 권장 도서를 읽는 것이 반드시 중요한 것은 아닙니다. 책에 흥미를 잃지 않고 꾸준히 읽는 것이 중요합니다. 아직 책 읽기에 흥미가 없다면 그 이유를 찾아보고 문제를 먼저 해결한 다음 책 읽기를 권해야 합니다. 시간이 부족하면 책을 읽을 시간을 충분히 주어야 합니다. 아직 관심 있는 분야가 없다면 아이와 도서관이나 서점을 자주 가면서 자유롭게 읽어 보도록 기회를 주는 것도 좋습니다.

어휘력이 부족하여 책 읽기가 힘들고 흥미기 떨어질 수도 있습니다. 책을 읽어도 좋은 점을 모르기 때문에 잘 안 읽는 경우도 있습니다. 이럴 때는 교과서 뒤에 소개된 책을 미리 읽게 하여 수업 시간에 도움을 받는 경험을 하게 하는 것이 중요합니다. 아이들은 책이 중요한 것이고 책을 읽으면 좋다는 것을 경험하기 어렵습니다. 재미있어서 읽는 경우가 대부분입니다. 그런 재미를 느끼게 하려면 부담을 주거나 강요와 잔소리를 하면 안 됩니다. 그러면 오히려 부작용만 생깁니다. 아이가 책을 잘 읽지 않고 책 읽기 습관이 들지 않았다면 교과서를 활용하길 권해 드립니다. 우선 아이의 진도에 맞춰 미리 국어 교과서 뒤에 소개된 읽기 자료를 읽게 하는 것이 좋습니다. 교과서에는 그림만 또는 내용의 일부만 싣는 경우가 대부분입니다. 특히 3학년부터는 긴 글이 소개되기 때문에 전문을 다 실을 수가 없습니다. 그러므로 미리 전문을 다 읽게 하면 교과서에 나온 내용에 대해 이해를 돕고 수업 시간에 적극적으로 참여할 기회를 얻게 됩니다.

정보가 넘쳐나는데 꼭 '글'을 읽어야 하나요?

엄마의 질문: 책이 아니라도 지식과 정보를 얻을 곳이 넘치는 세상이잖아요. 사실 간단한 정보는 검색으로 알아보는 것이 훨씬 편하고요. 그런데 왜 책을 읽어야 할까요?

요즘 아이들은 궁금한 것이 있으면 책이나 사전 대신 인터넷에서 필요한 정보를 충분히 찾을 수 있다고 생각합니다. 손쉽게 검색하고 자신이 원하는 정보를 얻었다고 생각합니다. 그러나 과연 그것으로 알고자 하는 문제가 충분히 해결되었는지 궁금합니다. 이해하고 자신의 지식으로 소화해야 하는데 찾은 정보조차 시각적 이미지에 의존하며 쓱 대충 읽고 지나갑니다. 그런 내용은 누구나 언제든지 찾을 수 있는 정보입니다. 이렇게 한 번 읽고 넘어가는 정보는 생각을 요하거나 다른 것과 연관 지어 생각하는 힘이 부족합니다. 요즘 아이들이 인터넷이나 SNS 매체를 기성세대보다 잘 이용하는 이유는 그것이 매우 직관적으로 되어 있어 깊은 사고의 과정을 거치지 않아도 이해할 수 있기 때문입니다. 그것들은 단편적인 정보들로 이루어져 있습니다. 그 정보들 사이의 연관성을 찾아내고 연결 지을 수 있을 때 비로소 그것이 내게 필요한 정보가 됩니다.

들째, 정보에 대한 옳고 그름과 내가 찾고자 하는 바로 그 정보인가

하는 적절함을 판단하기 힘듭니다. 요즘 가짜 뉴스와 가짜 정보가 넘쳐 나고 있습니다. 어른들도 그 진위를 판단하기 쉽지 않습니다. 아이들은 어리기 때문에 더욱더, 확실히 검증된 정보가 아닌 단편적이고 개인적인 의견 또는 1회성 정보에 노출되기 쉽고, 그것들을 정확한 판단 없이 사실로 받아들이기 쉽습니다. 많은 정보 속에서 자신의 판단력과 사고가 충분히 길러지지 않은 상태에서 그저 흡수하게 됩니다. 그런 정보는 무용지물이고 잘못된 판단을 초래할 수 있습니다.

셋째, TV는 바보 상자라고 하기도 합니다. 왜 그럴까요? TV는 내용을 풍부하게 전달하고 있는 듯하지만 시각적 이미지로 매체가 전달하는 정보를 그대로 받아들이게 만들기 때문입니다. 다른 생각을 하거나 비판할 여지를 남기지 않고 제공됩니다. 이런 관성에 따르다 보면 판단하는 능력을 잃게 됩니다.

아티스트에게 필요한 능력은 다른 누구와 대체되지 않는 자신만의 세계와 고유성을 표현하는 능력이라고 생각합니다. 다른 사람과 똑같이 생각하고 행동하는 것은 로봇이 더 잘할 수 있는 시대입니다. 그런데 이런 대체되지 않는 자신만의 고유성이 비단 아티스트에게만 요구되는 걸까요? 모두에게 제공되는 단편적인 정보만으로 이런 능력을 키울 수 없습니다. 같은 책을 읽어도 사람마다 느끼는 것이 다르고 생각하는 것이 다릅니다. 더구나 책은 한 분야의 깊이를 더해 확산적으로 읽으며 자신의 고유한 사고의 폭을 넓혀갈 수 있습니다. 연관성이 있는 책을 여러 권 읽으며 자신만의 사고의 체계를 입체적으로 키우는 아이와 단편적 정보를 소비하는 아이는 학년이 올라갈수록 어려운 문제를 접했을 때 문제 해결 능력에서 확연한 차이를 보일 것입니다.

교과서 공부를 열심히 하는 것이 문해력에 도움이 되나요?

엄마의 질문: 문해력이 중요하다는 말을 최근 많이 듣고 있어요. 그런데 교과서나 학교 공부는 문해력을 잘 다루지 않는 것 같아요. 교과서 내용이 문해력과 어떻게 연관이 있죠?

2015년, 초중고 현행 교과서가 개편되면서 많은 변화가 있습니다. 이런 변화는 입시에도 많은 변화를 가져올 것입니다. 그래서 2025년 입시부터는 대학수학 능력평가 문제도 방식이 달라질 것이라는 예측이 나오고 있습니다. 결국 입시는 아이들이 무엇을 배웠는가에 따라 내용과 형식이 달라지니까요. 국어 교과서를 살펴보면 독서 활동이 구체적으로 제시되어 있습니다. 4학년부터 6학년까지 연계성을 가지고 체계적으로 실천하도록 되어 있습니다.

독서 프로그램은 바르게 읽기를 통해 내용을 이해하게 합니다. 근거를 통해 주장의 논리성과 타당성을 찾아보는 훈련은 합리적인 사고를 하는 데 큰 도움을 줍니다. 특히 자신이 하고 싶은 일과 관련하여 다양하게 책을 읽어 보도록 하는 것은 내가 정한 책을 읽는 목적에도 부합합니다. 책을 읽을 때 내용을 짐작하며 읽기, 꼼꼼히 따져 가며 읽기 자신의 생각과 같은 점과 다른 점은 무엇인지 비교, 책 내용에서 궁금한 점을 질문하며 읽기는 독해력뿐만 아니라 문해력에도 많은 도움이 됩니다. 특히 읽은 책과 관련지어 다른 책 또는 작품을 찾아보도록 하는 것은 독서 지도할 때 최상위 학생들에게 하는 것입니다. 그만큼 독서를 많이 하고 통합적 사고와 문해력이 있어야 가능한 능동적 활동입니다. 이것을 6학년 독서에서 안내하고 있습니다. 교과서 지문과 질문 활동도 이와 같은 맥락에서 이루어지고 있습니다. 교과서의 내용을 소홀히 하면 안 되는 이유입니다.

수학 교과서를 얼마나 알고 있나요? '도전수학'은 지금까지 배운 내용을 적용해서 풀게 합니다. 배운 내용을 활용하여 도전할 만한 문제를 해결해 보는 활동입니다. 여러 가지 방법으로 문제를 해결해 보세요. '수학은 내 친구'는 수학과 친해지는 활동입니다. '탐구수학'은 지금까지 배운 내용을 여러 가지 방법으로 문제에 적용해 보는 활동입니다. '수학으로 세상보기'는 생활 속에 숨어 있는 수학을 찾아보는 활동입니다. 이처럼 수학은 다양한 활동으로 이루어져 있습니다. 이런 활동을 통해 이해력과 사고력을 키우고, 문제 해결을 위해 자신의 생각을 적용해야 합니다.

먼저 '도전수학'을 살펴 봅시다. 가격을 비교해 보는 문제가 나옵니다. (수학 6-2, 44~45쪽) '사랑 가게에서 파는 포도 음료는 1.2L 당 1080원이고, 행복 가게 에서 파는 포도 음료는 0.8L당 840원입니다. 같은 양의 포도 음료를 산 다면 어느 가게가 더 저렴한지 알아봅시다.'라는 문제를 풀며 아래와 같은 내용을 떠올려 볼 수 있습니다.

· 구하려는 것은 무엇인가요?

· 문제를 해결하는 방법을 간단히 정리해 보세요.

· 같은 양의 포도 음료를 산다면 어느 가게가 더 저렴한가요?

· 문제를 어떻게 해결했는지 친구들과 이야기해 보고, 나와 다르게 해결한 방법을 찾아 정리해 보세요.

이번에는 '탐구수학'입니다. 원기둥, 원뿔, 구로 우주 공간을 그려 보는 문제가 나왔습니다. (수학 6-2, 126~127쪽) 우주 공간을 나타내기 위해 무엇을 고려해야 할까요? 우주 공간에서 원기둥, 원뿔, 구 모양을 찾아야 할 것입니다. 교과서에는 우주 공간을 모둠과 함께 그리도록 하고 있습니다. 아이가 친구들과 이야기하고 필요한 정보가 있으면 찾을 수 있어야 합니다. 또한 모둠이 그린 우주 공간을 반 친구들에게 발표하는 것으로 활동이 마무리됩니다.

이런 '도전수학'과 '탐구수학'은 소단원이 끝날 때마다 나옵니다. 배운 내용을 적용하여 문제를 파악하고 해결해야 하는 것입니다. 때로는 말로 설명하고 글로 정리해야 합니다. 이런 것은 수학 실력뿐만 아니라 문해력과 밀접한 관련이 있습니다. 특히 탐구 학습의 '우주 공간을 그릴 때 생각해야 할 내용을 써 보자'에서 수학과 과학으로 나누어 제시한 것은 문제를 해결하기 위해 수학뿐만 아니라 과학적 사실도 협업을 해야 함을 의미합니다.

사회 교과서를 살펴보면 문해력은 더욱더 중요해집니다.

세계 여러 나라 사람들의 다양한 생활 모습을 살펴봅시다. ^{사회 6-2, 46쪽}

세계 여러 나라 사람들의 생활 모습을 살펴보기 위해 우선 지역별 날씨를 알아 보도록 하고 있습니다. 날씨에 따라 의식주의 모습이 다르게 나타나기 때문입니다. 자신이 사는 지역의 특성에 따라 주변에서 쉽게 구할 수 있는 재료에 대한 이해가 필요합니다. 이런 이해를 바탕으로 특징들을 이해할 수 있고 차이점을 발견할 수 있습니다. 자신이 조사하고 탐구한 것을 바탕으로 새롭게 알게 된 점이나 궁금한 점을 써 보도록 하고 있습니다. 이 과정이 문해력과 긴밀히 연결됩니다.

세계 여러 나라 사람들의 생활 모습을 이해하고 존중하는 태도를 알아보자고 합니다. 우리와 다른 여러 나라의 다양한 생활 모습을 보고 드는 생각이나 느낌을 써 보는 활동이 있습니다. 이런 활동은 지금까지 배운 것과 조사한 것을 바탕으로 자신의 생각과 느낌을 쓰는 것입니다. 이런 정리된 글쓰기는 국어 과목에만 국한된 것이 아니라 사회 과목에도 필요합니다. 문해력은 국어 한 과목과 독서에만 한정되지 않고 전 과목에 필요합니다. 즉 모든 과목이 문해력을 기르는 중요한 활동입니다.

과학 교과서를 살펴보면 탐구 활동 위주로 수업이 전개되고 있습니다.

주어진 문제를 해결하기 위해 무엇이 필요할까요? 어떻게 할까요? 더 생각해 볼까요? 단계를 거치면서 문제를 해결하도록 하고 있습니다. 뿐만 아니라 단원별로 탐구 활동을 할 때 강조되는 탐구 기능을 관찰, 측정, 예상, 분류, 추리, 의사소통, 문제 인식, 변인 통제, 자료 변환, 자료 해석, 결론 도출 등을 그림 단추로 나타내고 있습니다. 이런 요소들은 문해력과 밀접합니다.

특히 과학 탐구는 과학적 개념과 탐구 활동을 하도록 구성되어 있습니다. 과학과 생활 영역은 실생활 문제를 해결하는 활동을 하면서 창의적이고 과학적인 생각을 하도록 구성했습니다. 수업을 충실히 한다면 문해력을 기르는 데 도움이 됩니다. 단원의 마무리는 학습한 내용을 되돌아보고 정리하며 자신이 아는 것과 모르는 것을 구별할 수 있는 메타인지에 도움이 됩니다.

개정된 교육 과정은 배움에 대한 호기심과 학습에 대한 흥미를 가지고 다양한 유형의 활동을 경험하게 합니다. 학생 스스로 문제를 해결하는 능력을 기르고, 탐구 활동을 통해 더 깊이 사고하고, 아이디어에 깊이를 더할 수 있도록 하고 있습니다. 또한 교과서에서 배운 지식과 경험을 일상생활에 활용하고 실천하며 접목해 봄으로써 창의력과 의사 결정 능력을 키울 수 있도록 교육과정이 구성되어 있습니다.

문해력 기르기 위해 학원을 가면 될까요?

> 엄마의 질문: 독서나 논술 학원에 가면 체계적으로 알려준다고 하더군요.
> 집에서 하는 것은 어렵겠죠?

아이가 저학년 때는 학원을 보낼 생각을 안 하다가도 점차 책 읽기를 멀리하고 학교 수업 시간이나 과제로 글쓰기가 많아지고 어려워하면, 부모는 학원을 보내야 하는 거 아닌가 하는 생각을 하게 됩니다. 이르면 아이가 3학년일 때부터, 학원을 보내야 하는 시기를 많이 묻습니다.

"민수야, 이제 4학년이 되었으니 독서 논술 학원에 다니자. 네 친구들도 다 다니지? 승재 엄마가 그러는데 논술 학원은 초등학교 때 미리 다녀 두는 게 좋대. 중학교 가면 책 읽을 시간도 없는데, 학교에서 써야 할 보고서도 많고 주관식 시험도 많이 본대. 그러니까 지금 다녀야 해."

"싫은데, 나 지금도 엄마가 책 읽으라고 해서 책 읽잖아."

초등학교 4학년이 되면 이런 실랑이를 하는 집이 많고 실제 상담도 많이 옵니다.

독서 논술 수업은 성격상 학원보다는 삼삼오오 성격이 맞는 엄마들이 모여 은밀히 아이들 팀을 구성해 경험 많은 동네 선생님한테 받는 경우가 많습니다. 그래서 엄마들은 자기 아이만 빼고 주변의 다른 아이들이 표 안 나게 다 시키는 것 같다며 조바심을 냅니다. 특히 4학년부터 교과서는 어려워지고 쓰기가 많아집니다. 아이는 1, 2학년 때보다 엄마 말을 잘 안 듣는데, 엄마 또한 어떤 책을 골라 주고 어떻게 지도해야 하는지 갈피를 못 잡아 불안해합니다. 더구나 논술은 왠지 전문가에게 배워야 할 것 같은 생각이 들기도 합니다. 그러다 보니 안 하는 것보다는 하는 게 나을 것 같고 너무 늦으면 수준 차이가 나서 마땅히 들어갈 팀이 없을 것 같아 서두르게 됩니다. 논술을 마치 자기 학년보다 선행을 하지 않으면 학원 다니기도 힘들다는 인식이 강한 수학처럼 생각하면서 상담하러 오는 경우가 많습니다.

아이가 원해서가 아니라 엄마가 먼저 아이를 학원에 보내려고 하는 경우에는, 학원을 보내려는 진짜 이유와 목적을 한번 되짚어 볼 필요가 있습니다. 다른 학원도 마찬가지지만 특히 독서 논술 학원에서, 아이에게 성과가 잘 나타나지 않고 아이가 가기 싫어하며 숙제를 안 해 온다는 것은, 대부분이 엄마가 아이의 의사를 묻지 않고 결정한 경우입니다.

첫째, 독서 논술은 학원을 다녀도 결과가 바로 나오거나 습관이 잡히는 것이 아닙니다. 대부분 수업을 1주일에 한 번씩 하는데 글쓰기도 그렇고, 1주일 내내 책을 안 읽다가 수업을 가기 위해 부랴부랴 읽어 치우는 책 읽기는 독서 습관에 도움이 되지 않습니다. 독서는 습관이 매우 중요합니다. 습관이 들지 않으면 학원을 다닐 때만 겨우 읽다가 학원을 그만두면 책을 안 읽을 확률이 높습니다.

둘째, 1주일에 한 번 수업을 하는데 아이들 개개인의 흥미를 고려해서 책을 선정하고 수업 내용을 결정하지 않습니다. 그렇게 하기는 교사 입장에서 어렵습니다. 수업 때 아이가 흥미를 갖지 못한 책이나 대충 읽은 책으로 수업해 보면, 아이의 수업 참여도와 흥미 또한 떨어집니다. 무엇보다 요즘 아이들은 좋아하지 않으면 인내하며 계속하는 힘이 부족합니다. 아니 아예 안 하려고 합니다. 예전에는 선생님 말씀은 그래도 들으려고 했지만 요즘은 점점 자기 위주로 생각하고 행동합니다. 도서관에 가거나 서점에 가서 아이들이 책을 고르고 사고 싶은 책을 사도록 기회를 주는 것이 좋습니다. 반면에 성급하게 학원에 보내지 말고 도서관에 가서 엄마가 목적에 맞는 책을 빌리고 아이에게 읽을 시간까지 정해 주면 아이는 독서 습관을 들이기 쉽지 않습니다.

셋째, 독서 수업은 보통 4~5명 팀을 짜서 합니다. 학원에서는 이보다 더 많은 인원을 동시에 수업할 수 있습니다. 그래서 수업을 하다 보면 주로 발표하는 아이만 발표를 하는데, 그 아이는 책도 잘 읽어 옵니다. 대충 읽거나 다 읽어 오지 못했다고 해서 그 아이만 따로 수업을 하기도 쉽지 않습니다. 독서 수업은 팀 수업이 가장 효과적인 수업 형태지만 팀 내의 모든 아이가 같은 효과를 얻는 것은 아닙니다. 한두 아이가 재미있어 하고 열심히 한다고 말하면, 재미를 못 느끼는 우리 아이에게 문제가 있다고 생각하기 쉽습니다.

아이가 원하는 책을 골라 엄마의 간섭없이 하루에 30분씩이라도 규칙적으로 읽고, 엄마도 그 시간에 책을 읽는 것이 아이에게 독서 습관을 들이는 더 좋은 방법입니다. 저는 자녀들이 초등학생 때 공부방을 하는 동안 한 방에서 저는 책을 읽고 아이들은 레고를 가지고 놀거나 자신들이 하고 싶은 것을 하도록 했습니다. 단지 거실이나 자기 방에서 노는 것이 아니라 제가 책을 읽고 있는 공부방에서 놀게 했습니다. 그러면 아들들은 둘이 놀다가 자신들이 읽고 싶은 책을 가져와 읽곤 했습니다. 이때에도 저는 독서 선생님이었지만 제가 읽었으면 하는 책을 강요하지 않았습니다. 그래서 자신들이 읽고 싶은 책만 반복해서 읽는 경우도 많았습니다. 그렇게 1년 이상을 보내자 아이들은 책 읽는 습관이 들었습니다. 제가 간섭하지 않고 아이들이 읽고 싶은 책을 읽도록 허용했기 때문에 독서 습관이 들었다고 생각합니다. 물론 팀을 이루어 1주일에 한 번 수업을 했지만 그 수업으로 독서 습관이 생겼을 거라고 생각하지 않습니다.

수학을 어려워하는 우리 아이, 문해력과 관련이 있나요?

엄마의 질문: 아이가 국어는 잘해요. 그런데 수학이나 과학, 사회를 어려워해요. 이것도 문해력과 관련 있나요?

문해력은 텍스트를 읽는 능력을 말합니다. 읽으면 우선 정확한 내용을 이해해야 합니다. 유네스코에서 정의한 문해력에는 계산, 정의, 해석하는 능력이 모두 포함됩니다. 수학은 계산이 전부인 듯하지만 계산보다 더 중요한 것은 문제를 파악하고 어떻게 풀 것인가 문제를 해석하는 것이 더 중요합니다. 보통 엄마들은 아이가 시간이 없어서 못 풀었다고 하면 아는 문제인데 계산이 느려서 못 푼 것이라 생각해서 다음부터는 빨리 풀라고 말하고 넘어갑니다. 그러나 계산 속도가 문제 해결의 전부가 아닙니다. 제가 아이들을 가르치다 보면 수학을 잘 못 푸는 아이들의 원인은 아이들마다, 상황마다 달랐어요.

무엇을 묻는지 정확히 몰라서 어떻게 해야 하는지 허둥대며 시간을 보내는 경우가 있습니다. 그러면 당연히 문제를 해결하는 식을 세울 수가 없습니다. 또 자신이 아는 문제라고 생각하고 식도 세워 푸는데 끝까지 하지 못하는 경우가 있거나 풀어서 나온 답이 보기에 없어서 당황하는 경우도 있습니다. 이럴 때는 자신이 세운 식을 검토해야 하는데 식은 검토하지는 않고, 문제 푸는 과정이 잘못됐는지 다시 살펴보며 시간을 보냅니다. 이런 경우가 다 문해력의 기본인 제시된 질문, 즉 텍스트에 대한 이해가 부족한 경우입니다. 문제는 읽었는데 어떻게 풀어야 할지 몰라 조금 생각하다가 문제 해결을 못하고 시간을 보냅니다. 이것은 공부할 때 무엇이 중요한지 정확하게 알지 못하고, 문제를 푸는 자신만의 아이디어가 없기 때문입니다. 이것 또한 문해력의 중요한 요소인 해석하는 능력이 부족하고, 수학을 배울 때 무엇이 중요한 정보인지 인지하지 못하고 기계적으로 풀었기 때문입니다.

다음 문제를 보도록 하겠습니다. 수학 6-1, 105쪽

준기는 학교 신문에서 선생님께 들으면 기분 좋은 말을 조사하여 나타낸 원그래프를 보았습니다. 그래프를 해석해 봅시다.

선생님께 들으면 기분 좋은 말별 학생 수

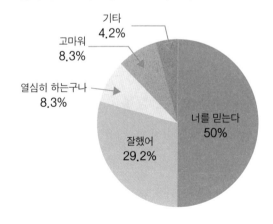

- 조사한 학생은 모두 몇 명인가요?
- 선생님께 들으면 기분 좋은 말 중 10% 이상의 비율을 차지한 말은 무엇인가요?
- 선생님께 들으면 기분 좋은 말 중 너를 믿는다 또는 잘했어를 선택한 학생 수는 전체의 몇 %인가요?
- 기타에는 어떤 말이 들어갈 수 있을지 말해 보세요.
- 원그래프를 보고 더 알 수 있는 내용을 말해 보세요.

준기는 학교 신문에서 선생님께 들으면 기분 좋은 말을 조사하여 나타낸 원그래프를 보았습니다. 그래프를 해석해 봅시다.

일단 주어진 과제는 그래프를 해석하는 것입니다.

첫 번째로, "조사한 학생은 모두 몇 명인가요?"라는 문제가 나옵니다. 무엇보다 이것이 이 그래프를 해석하는 데 가장 중요한 사항입니다. 아이들도 이것을 먼저 알아야 합니다. 만약 이것을 보지 않았다면 %를 구할 때 당황할 것입니다.

두 번째 문제 "선생님에게 들으면 기분 좋은 말 중 10% 이상의 비율을 차지한 말은 무엇인가요?"에서 '이상'과 '비율'이라는 말이 중요한 개념이라는 것을 인지해야 합니다.

세 번째 문제 "선생님께 들으면 기분 좋은 말 중 너를 믿는다 또는 잘

했어를 선택한 학생 수는 전체의 몇 %인가요?" 이때 '또는' 이라는 단어를 중요하게 생각해야 합니다.

네 번째 "기타에는 어떤 말이 들어갈 수 있을지 말해 보세요." 전에는 이런 문제를 수학에서 찾아볼 수 없었습니다. 이 그래프를 해석하고^{이해하고} 자신의 아이디어를 넣을 수 있는 문제입니다. 갑자기 어떤 말을 넣어야 하는지 당황하는 아이들도 있을 것입니다.

다섯 번째 문제는 "원그래프를 보고 더 알 수 있는 내용을 말해 보세요"입니다.

이제 수학은 단지 식을 세우고 문제를 푸는 것이 아니라 주어진 정보를 해석하고 그것의 의미를 자신의 생각으로 말할 수 있어야 합니다.

'잘했어'보다 '너를 믿는다'는 말을 아이들이 좋아하고 비율이 현저하게 많이 나오는 이유도 생각해 봐야 합니다.

마지막으로 일상 생활에서 띠그래프와 원그래프를 각각 찾아보고 알 수 있는 내용을 말해 보라고 합니다. 단지 수학 문제를 푸는 것에서 그치지 않고 일상생활에 적용해 보기를 요구합니다.

사회 교과서도 살펴보겠습니다. (사회 4-1, 101쪽) '지역에는 개인의 이익이 아닌 주민 전체의 이익과 생활의 편의를 위해 국가가 세우거나 관리하는 공공 기관이 있습니다.'라고 설명합니다. 그리고 아이들이 주변에서 볼 수 있는 여러 기관 중 공공 기관인 것과 공공 기관이 아닌 것을 구분해 보도록 했습니다. 제시된 문제는 다음과 같습니다.

> **공공 기관인 것에는 ○표, 공공 기관이 아닌 것에는 △표를 해 보자.**
> · 경찰서 (   )
> · 슈퍼마켓 (   )
> · 시청 (   )
> · 우체국 (   )
> · 백화점 (   )
> · 주민 센터 (   )
> · 교육청 (   )
> · 시장 (   )
> · 아파트 (   )

우선 이 부분을 읽으면 문해력의 기본이 되는 어휘의 뜻을 정확히 알아야 합니다.

'편의'라는 어휘를 어렵게 느끼는 아이들도 있습니다. 그런데 이 어휘는 공공 기관과 공공 기관이 아닌 것을 구분하는 데 중요한 어휘입니다.

둘째, 경찰서, 슈퍼마켓, 시청, 우체국, 백화점, 주민 센터, 교육청, 시장, 아파트에서 하는 일과 역할에 대해서 정확하게 알아야 구분할 수 있습니다. 기본 지식이 필요하고, 그것을 기준에 따라 구분할 수 있어야 하는 것입니다. 다시 말해, 단편적으로 알고 있는 정보^{지식}들을 주어진 조건에 맞게 연관 지을 수 있어야 합니다. 이것은 독해력의 중요한 요소입니다.

"우리 지역의 지도를 보고 공공 기관인 것과 공공 기관이 아닌 것을 찾아봅시다." 이 마지막 문제는 적용해 보기입니다. 즉 자신의 삶과 연관 지어 보는 것입니다. 교과서 문제를 단순히 해결하는 데서 그치지 않고 실생활에서 찾아보고 알게 된 사실을 나와 연관 지어 적용해 보는 것입니다. 이런 활동을 통해 문해력이 길러지는 것입니다.

이제는 수학이 단순히 계산만 잘하면 되는 것이 아니고, 사회도 더 이상 암기 과목이 아닙니다.

부록1

학년별
자가진단

<부록1 학년별 자가진단>은 교과서를 활용해 구성했습니다. 일부 문항은 교과서를 함께 펼쳐놓고 풀어볼 수 있도록 하였습니다. 다른 몇몇 문항은 아이들이 새로운 문제를 접하는 느낌을 받을 수 있도록 교과서 내용을 변형해 적용했음을 알립니다

테스트 1

제목: 돌잔치

우리 조상들에게는 아이가 태어나면 집안의 경사였습니다. 집 대문에 금줄을 걸어놓고 아이가 태어난 집이라는 표시를 했습니다. 아이가 백일을 무사히 지내면 백일상을 차려주고 떡을 주변에 나누어 주었습니다. 아기의 첫 번째 생일에는 돌잔치를 했습니다. 돌잔치를 할 때 맛있는 음식을 차려 나누어 먹고 돌잡이도 했습니다. 돌잡이는 여러 가지 물건 중에서 아이가 한 개를 잡는 것입니다. 돌상 위에는 쌀, 책, 붓, 돈, 활, 실 등을 올려놓았습니다.

돈을 잡으면 부자가 될 것이라고 생각했습니다. 실을 잡으면 오래 살 것이라고 여겼습니다. 활을 잡으면 활을 잘 쏘는 장군이 될 것이라고 여겼습니다.

조상들은 친척과 가족이 모여 아이의 돌잔치를 하며 아이가 건강하게 잘 자라기를 바랐습니다.

1. 소리 내어 읽어 보세요.

2. 다음 어휘의 뜻을 설명해 보세요.

조상:

경사:

표시:

돌잔치:

친척:

가족:

3. 아이가 태어나면 집 대문에 금줄을 걸어놓은 이유가 무엇일까요?
   (당시 상황을 생각해 보세요.)

4. 돌잡이를 하는 이유는 무엇이라고 생각하나요?

5. 돌잡이를 할 때 올려놓은 물건들은 어떤 공통점이 있나요?

6. 지금은 돌잡이 할 때 어떤 물건들을 올려놓나요? 과거와 달라진
   점이 있나요?

7. 나는 돌잡이 할 때 어떤 물건을 잡았나요?

8. 만약에 지금 돌잡이 물건을 잡는다면 어떤 물건을 잡고 싶은가요?

테스트 2

 1학년 봄 1-1 86~89쪽을 참고해서 풀어주세요.

1. 나무는 우리에게 어떤 도움을 주나요? 글과 그림으로 나타내 보세요. (네 가지 이상)

2. 내가 나무를 아끼고 사랑하는 것을 실천할 수 있는 방법을 나타내 보세요. (네 가지 이상)

2학년 자가진단

    2학년은 1학년보다 더 다양한 텍스트를 읽게 됩니다. 텍스트가 의미하는 내용이나 설명하는 글을 정확하게 잘 읽는 것이 중요힙니다.

테스트 1

 국어 2-1 가 16쪽 <잠자는 사자>를 참고해서 풀어주세요.

1. 으르렁 드르렁 드르르르 푸우- 무슨 소리를 흉내낸 건가요?

2. 다음은 무엇을 표현한 걸까요?

아버지 콧속에서

사자 한 마리

울부짖고 있다.

3. 다음은 어떤 느낌을 표현했나요?

아버지 콧속에서

사자 한 마리

울부짖고 있다.

4. 어떤 의미를 표현한 것인가요?

생쥐처럼 살금살금

양말을 벗겨 드렸다.

5. 생쥐처럼 살금살금 양말을 벗겨 드린 이유는 무엇인가요?

6. 누가 아버지 양말을 벗겨 드렸나요?

7. 잠자는 사자에 나오는 아이의 마음은 어떤 마음일까요?

8. '으르렁 드르렁 드르르르 푸우-' 와 '살금살금'은 어떤 차이점과 공통점이 있나요?

9. '울부짖다'는 무슨 뜻인가요?

10. 생쥐처럼 살금살금 양말을 벗겨 드렸다. 이때 아이의 마음은 어떨까요?

테스트 2

2학년에서 주요 내용을 확인하며 글 읽기를 할 수 있는 것은 앞으로 문해력을 위해 가장 기본이 되며 중요한 능력을 기르는 것입니다. 주요 내용을 확인하는 것은 설명문, 주장하는 글뿐만 아니라 모든 텍스트를 읽는 데 다 적용되는 글 읽기입니다.

 국어 2-1 나 200~202쪽 <숲속의 멋쟁이 곤충>을 참고해서 풀어주세요.

1. 설명하는 대상은 무엇인가요?

2. 수컷 사슴벌레의 무엇에 대해 설명하고 있나요?

3. 수컷 사슴벌레의 턱은 어떻게 생겼나요?

4. 수컷 사슴벌레가 아주 좋아하는 먹이는 무엇인가요?

5. 수컷 사슴벌레가 힘겨루기를 하는 때는 언제인가요?

6. 사슴벌레는 어디에 사나요?

7. 수컷 사슴벌레는 암컷과 달리 무엇이 있나요?

8. 사슴벌레가 냄새를 맡을 때는 무엇을 사용하나요?

9. 사슴벌레의 작은 날개는 어디에 있나요?

10. 사슴벌레의 작은 날개는 언제 사용하나요?

11. 다음 낱말의 뜻을 설명해 봐요.

핥아 먹는다:

수컷:

나뭇진:

관심:

12. 수컷 사슴벌레가 힘겨루기를 하는 모습을 그려 보아요.

13. 제목을 다시 정해 봐요.

14. 이 글을 읽고 더 알고 싶은 내용이 있나요?

15. 사슴벌레와 관련된 나의 경험이 있나요?

테스트 3

분류기준	다리의 수		
다리의 수			
동물 이름			
동물의 수(마리)			

분류기준			
동물 이름			
동물의 수(마리)			

3학년 자가진단

3학년의 독서는 읽기 방법 정하기와 책 내용 간추리기, 생각 나누기와 정리하기입니다. 특히 글을 읽고 중심 생각 찾기가 활동으로 주어집니다. 텍스트나 책을 읽고 중심 생각 찾기는 문해력의 바탕이 됩니다. 모든 교과를 공부할 때 중심 생각, 중심 키워드, 중심 개념을 파악하는 것이 가장 중요합니다.

테스트 1

 국어 3-2 가 83~86쪽을 참고해서 풀어주세요.

1. 다음 단어의 뜻을 적어 봅시다.

토박이말:

본디부터:

순우리말:

고유어:

꽃샘추위:

시기:

질투:

매서운:

어김없이:

늦가을:

수증기:

물체:

표면:

탐스럽게:

익히다:

2. 문단을 나누어 보세요.

3. 각 문단의 중심 내용을 문장으로 정리해 보세요.

4. 이 글 전체를 대표하는 중심 내용은 무엇인가요?

5. 글쓴이가 말하고 싶은 중심 생각은 무엇인가요?^{문장으로 쓰세요}

6. 무더위와 같은 짜임을 가지고 있는 어휘를 찾아 보세요.

7. 위 내용으로 미루어 볼 때 '꽃샘바람'은 어떤 뜻으로 해석할 수 있

나요?

8. '마른장마'라는 말은 있는데 그에 반대되는 말이 없는 이유는 무엇
   이라고 생각하나요?

9. 겨울에 눈과 관련된 날씨를 나타내는 말이 많은 이유는 무엇이라
   고 생각하나요?

10. '가랑눈'과 '가랑비'라는 어휘의 공통점은 무엇인가요?

11. 겨울이 시작되고 처음 내리는 눈은 어떤 토박이말로 부르면 좋을
    까요?

12. 이 글을 읽고 무슨 활동을 더 하고 싶은가요?

테스트 2

 다음 글을 참고해서 풀어주세요

글1: 3학년 도덕 10~11쪽 〈함께 나누고 싶은 피아노 소리〉

글2: 3학년 도덕 14~15쪽 〈친구의 장난〉

1. 어휘 알아보기

1) 귀를 쫑긋 세웁니다:

2) 연주:

3) 장난:

4) 사과:

2. 글1과 글2의 공통된 글감은 무엇인가요?

3. 글1에서 희연이는 세희에게 왜 피아노 연주를 들려 주고 싶었을까요?

4. 글1에서 세희가 희연이의 부탁을 거절하지 못한 까닭은 무엇인가요?

5. 글2에서 남욱이의 행동에 대해서 어떻게 생각하나요? 그렇게 생각한 까닭은 무엇인가요?

6. 형진이의 말에 대해서 어떻게 생각하나요? 그렇게 생각한 까닭은 무엇인가요?

7. 남욱이는 철우의 말을 듣고 어떤 생각을 할 수 있나요?

8. 내가 만약 나경이라면 어떻게 할까요?

9. 만약 내가 남욱이라면 어떻게 할까요? 그 까닭은 무엇인가요?

10. 친구 사이에 문제는 왜 생긴다고 생각하나요?

11. 친구 사이에 문제가 생겼을 때 어떻게 해야 할까요?

12. 친구와 마음을 나누고 사이좋게 지내는 일이 왜 중요할까요?

테스트 3

칠교놀이를 이용해 만든 모양입니다. 정사각형과 직각 삼각형은 어디에 놓여 있을까요?

1. 구하려는 것은 무엇인가요?

2. 정사각형이 무엇인가요?

3. 직각 삼각형이 무엇인가요?

4. 어떤 방법으로 구하려고 하나요?

5. 자신이 구한 답은 무엇인가요?

4학년 자가진단

제시된 텍스트를 읽을 때 판단하며 읽기는 중요합니다. 자신의 의견과 아이디어를 끌어내기 위해서는 주어진 글을 정확히 읽어야 합니다.

테스트 1

 알려진 이야기를 각색해서 실었습니다. 국어 4-2 나 250~251쪽 <당나귀를 팔러 간 아버지와 아이>를 읽고 풀어도 괜찮습니다.

당나귀를 팔러 가는 아버지와 아들

옛날에 아버지와 아들이 당나귀를 팔러 장에 가고 있었습니다. 아버지는 당나귀 고삐를 붙잡고 아들은 그 뒤를 따라가고 있었지요.

두 사람이 어느 주막을 지날 때였습니다. 주막 앞에 모여 있던 장사꾼들이 두 사람을 보고

"당나귀를 타지 않고 끌고 가고 있잖은가? 정말 어리석은 사람이로군."

아버지는 이 말을 듣자 갑자기 창피해졌습니다.

'장사꾼들의 이야기가 맞아. 당나귀는 원래 짐이나 사람을 태우는 데

쓰는 동물인데…….'

아버지는 이렇게 생각하고 당나귀 등에 아들을 태웠습니다.

얼마쯤 가다 보니 정자 위에 노인들이 앉아 쉬고 있었습니다. 그들은 당나귀 위에 앉아 있는 아들을 보고 혀를 끌끌 찼습니다.

"저, 저런 고약한 경우가 있나! 아버지는 힘들게 당나귀를 끌고 가고 있는데, 아들이란 놈은 편안하게 당나귀를 타고 가다니!"

"요즘 젊은 애들은 버릇이 없어서 큰일이야. 어른을 공경할 줄도 모르고."

"아비도 문제야. 아들 버릇을 저따위로 가르치니 아들이 저 모양이지 한심하네."

아버지는 이 말을 듣고 다시 고개를 끄떡였습니다.

'노인분들 말씀이 옳아. 내가 아들 버릇을 망치고 있군.'

아들더러 내리라 하고, 자기가 당나귀 등에 올라탔습니다.

이렇게 한참을 가다 보니 개울가 빨래터에 다다랐습니다. 그 빨래터에는 아기를 업은 아낙네들이 모여 있었습니다.

"아유, 가엾기도 해라. 저 조그만 아이가 이 뙤약볕에 땀을 뻘뻘 흘리며 터덜터덜 걸어가고 있어."

"정말 못된 아버지야. 아들은 힘이 들든 말든 자기만 편안하게 가고 있어."

"아들을 저렇게 힘들게 해 놓고 늙으면 아비랍시고 대접이나 받으려

들겠지?"

아버지는 이 말을 듣고 부끄러워 고개를 들 수가 없었습니다.

'아낙네들 말이 옳아. 저 조그만 녀석이 얼마나 다리가 아프겠어.'

아버지는 아들을 당나귀에 태웠습니다.

이번에는 우물가를 지나게 되었습니다. 그 우물가에는 동네 아가씨들이 모여 수다를 떨고 있었습니다.

"어머, 얘들아! 저것 좀 봐. 저렇게 조그만 당나귀 위에 두 사람이나 타고 가고 있어."

"아이, 당나귀가 불쌍하다. 동물을 사랑할 줄 모르는 사람들인가 봐."

"아마 장에 팔러 가는 모양인데, 저러다간 장에도 못 가고 죽어 버리겠어."

아버지는 이 말을 듣자 또 생각을 바꾸었습니다.

"우리 당나귀를 짊어지고 가자꾸나."

아버지와 아들은 당나귀를 짊어지고 걸어갔습니다.

그런데 다리를 건널 때였습니다. 당나귀가 갑자기 버둥거렸습니다. 그 바람에 아버지와 아들은 그만 당나귀를 등에서 떨어뜨리고 말았습니다. 당나귀는 다리에서 떨어져 물속에 풍덩 빠져 버렸답니다.

1. 다음 단어의 뜻을 설명해 보세요.

고삐:

주막:

어리석은:

고약한:

아비:

아낙네:

가엾다:

수다:

2. 아버지와 아이가 당나귀를 끌고 어디를 가고 있었나요?

3. 아버지가 아이를 당나귀에 태운 이유는 무엇인가요?

4. 결국 당나귀는 어떻게 되었나요?

5. 아버지와 아들은 왜 사람들의 말을 그대로 들었을까요?

6. 아버지와 아들의 말과 행동을 보면 아버지와 아들의 성격은 어떨
   것이라고 생각하나요?

7. 노인은 아들이 당나귀를 타고 가자 "요즘 아이들은 저렇게 버릇이

없단 말이지!" 하고 호통을 치고, 아낙은 아버지가 당나귀를 타고 가니 "저런 사람이 아비라고 할 수 있나, 원! 나라면 아이도 함께 태울 텐데."라고 말합니다. 이렇게 서로 다른 이야기를 하는 이유는 무엇 때문일까요? 그리고 그들이 하는 말이 적절한가요?

8. 아버지와 아들이 당나귀를 어깨에 올리고 가는 모습을 보고 어떤 생각을 했나요? 아버지와 아들의 행동이 옳다고 생각하나요?

9. 이 이야기에서, 잘못된 결과를 가져온 이유는 무엇이라고 생각하나요?

10. 나라면 사람들이 서로 다른 말을 할 때 어떻게 대처했을까요?

11. 이 이야기를 읽고 어떤 교훈을 얻을 수 있나요?

12. 이 이야기를 읽고 생각나는 속담이나 이야기가 있나요?

국어 4-2 가 '책을 읽고 생각을 나눠요. 의견이 적절한지 판단하며 읽기'를 참조해서 문제를 만들었습니다.

테스트 2

　지역에 있는 기관은 하는 역할에 따라 나눌 수 있습니다. 개인의 이익이 아닌 주민 전체의 이익과 생활에 도움을 주고 편리하게 하기 위해 국가가 만들고 관리하는 공공 기관이 있습니다. 우리 지역에 있는 여러 장소 중에서 공공 기관인 것과 공공 기관이 아닌 것을 구분해 봅시다.

방송국　　시청　　우체국　　　　　　　　보건소
　　　　　시장
　　　　　　　　주민센터　　경찰서　　교육청
　　도서관
슈퍼마켓　　　　　　　　　　아파트　　백화점

1. 어휘의 뜻을 설명해 보세요.

역할:

이익:

편리:

구분:

2. 기관이 주로 하는 일은 무엇인가요?

1) 주민센터

2) 보건소

3) 교육청

3. 공공기관이 필요한 이유는 무엇이라고 생각하나요?

4. 내가 직접 경험해 본 공공 기관에는 무엇이 있나요? 그때 어떤 도움을 받았나요?

5. 앞으로 어떤 공공 기관이 있으면 좋을까요? 그곳에서는 무슨 일을 하나요?

· 여섯 자리 수입니다.

· 50만보다 크고 60만보다 작은 수입니다.

· 각 자라의 숫자는 모두 다릅니다.

· 만의 자리 수는 홀수입니다.

· 1~9까지의 숫자만 들어갑니다.

종이가 찢어진 부분에 사라진 숫자를 알아볼까요?

1. 구하려고 하는 것은 무엇인가요?

2. 찾아야 하는 숫자는 몇 개일까요?

3. 어떤 방법으로 문제를 해결하면 좋을까요?

4. 바르게 구했는지 답을 써 보세요.

테스트 4

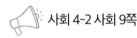 사회 4-2 사회 9쪽

도시 지역 인구 비율 추이 현황

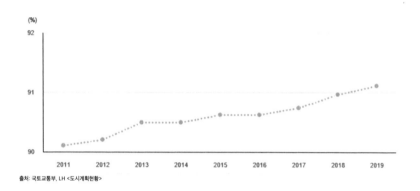

출처: 국토교통부, LH <도시계획현황>

우리 나라는 전체 인구 중 도시에 사는 인구가 매우 많습니다. 도시에 인구가 많아지면서 여러 가지 문제가 발생하고 있습니다. 이에 사람들은 도시 문제를 해결하고자 다양한 노력을 하고 있습니다.

1. 촌락과 도시의 인구 구성를 나타내는 표를 통해 알 수 있는 사실을 설명하시오.

2. 인구 분포를 조사하는 기관은 어디인가요?

3. 도시 문제가 발생하는 이유는 무엇인가요?

4. 사진에 나타난 도시 문제 이외에 나타나는 또 다른 도시 문제는 무엇이 있을까요?

5. 도시 문제를 해결하기 위해 어떤 노력을 할 수 있나요? 예시를 하나 들고 개인의 노력, 친구와 이웃이 함께하는 노력, 공공 기관에서 하는 노력으로 나누어 설명해 보세요.

5학년 자가진단

5학년 국어 5-2가 교과서[15~20쪽]를 보면 독서를 하면서 질문하거나 비판하며 책 읽기가 나옵니다. 질문하거나 비판하면서 읽기는 깊이 읽기에서 가장 중요한 활동입니다. 5학년부터 책을 읽을 때 책의 내용을 그대로 수용하는 것이 아니라 의문을 가지고 질문도 해 보고 책의 내용이 타당한지 비판하며 읽기를 해야 한다고 가르치고 있습니다.

책을 읽을 때 생각할 점으로

1. 질문하며 읽기 - 궁금한 점이 있으면 스스로 질문하고 답하며 읽기

2. 비판하며 읽기 - 선입견, 과장, 왜곡이 있는지 생각하며 읽기

3. 상상하며 읽기 - 자신이 그런 상황에 처했다면 어떻게 했을지 상상하며 읽기

4. 경험이나 지식을 떠올리며 읽기 - 책을 읽는 동안에 책 내용과 관련 있는 자신의 경험이나 지식을 떠올리며 읽기

5. 사실을 확인하며 읽기 - 책에 나오는 내용이 사실인지 생각하며 읽기

테스트 1

 국어 5-2 가 17쪽을 참고해서 풀어주세요.

어휘력 테스트

선입견:

과장:

왜곡:

상황:

비판:

탐험가:

신대륙:

항해:

도전 정신:

탐험심:

미지의 땅:

막대한:

재정 지원:

절실:

왕실:

지원:

호소:

후원:

제안:

선원:

원주민:

선진 문물:

혜택:

침략:

발견:

도전 정신과 탐험심을 잃지 않았다:

제안을 거절한 바 있다:

1. 위 텍스트를 읽고 내용을 비판하는 질문을 만들어 보세요. (5개 이상)

1)

2)

3)

4)

5)

테스트 2

글을 읽고 요약할 수 있다는 것은 내용을 충분히 이해하고 상위 개념과 하위 개념으로 분류할 수 있다는 것입니다. 교과서에 평가 기준 또한 정확하게 제시했습니다.

요약한 글을 평가하는 기준
1. 글을 짧게 간추렸는가?
2. 사소한 내용은 삭제하고 중요한 내용만 간추렸는가?
3. 글에서 중요한 내용을 이해할 수 있게 간추렸는가?

 국어 5-2 나 259쪽과 261쪽을 참고해서 풀어보세요.

어휘력 테스트
건축가:
설계도:
정성:
기술:
질서 있게:
바탕:

고민:

잎차례:

줄기마디:

어긋나게:

평행:

소용돌이 모양:

1. 위 설명을 읽고 식물이 잎차례 나는 모양을 그림으로 나타내 보세요. (몇 가지 잎차례 방법을 설명하고 있나요?)

2. 글을 요약해 보세요.

테스트 3

첫 번째 상황
준우: 축구는 남자들 놀이야! 넌 여자니까 저리 가.

두 번째 상황
지민: 어? 선영이가 주희에게 쓴 편지가 떨어져 있네? 슬쩍 읽어볼까?

세 번째 상황
다정: 수현이가 못 생기게 나온 사진이 있잖아? 우리 반 아이들이 모인 단톡방에 슬쩍 올려서 놀려볼까?

이것은 학교에서 일어나는 인권이 침해된 사례입니다.

1. 인권의 뜻은 무엇인가요?

2. 다음 그림을 보고 어떤 인권이 침해되었다고 생각하나요? 각각 인권이 침해된 내용을 쓰세요.

3. 다음 경우에는 어떤 인권 침해를 받은 것인가요?

> 친구가 내 키가 얼마인지 물었다. 말하기 싫었지만 알려줬다. 그랬더니 아랫동네는 공기가 어떠하냐며 낄낄거렸다. 아무렇지 않은 척했지만 정말 속상하고 기분이 나빴다.

4. 학교에서 인권 침해가 일어나는 경우를 예로 들어 보세요.

5. 인권 침해를 하면 어떤 문제가 생길까요?

6. 학교에서 내가 인권을 침해한 경우는 어떤 경우인가요?

7. 학교에서 인권을 침해당한 경험을 말해 보세요.

8. 학교 생활에서 인권 침해가 일어나지 않도록 하려면 어떻게 하는 것이 좋을까요?

테스트 4

　국제 사회는 각국의 국민 인권에 깊은 관심을 갖고 있습니다. 우리나라는 시대적 흐름과 국가 인권 기구 설립에 대한 국민의 열망, 인권시민 단체의 노력, 정부의 의지로 2001년 11월 25일 설립되었습니다.

　유엔은 1946년 국가 인권 기구 설립을 권장하였으며 1993년 유엔 총회에서 '국가 인권 기구 지위에 관한 원칙을 채택하면서 보편적인 기본 준칙이 되었습니다. 국가의 어느 부서에도 속하지 않는 국가 인권 위원회를 독립기구로 만들었습니다. 모든 개인의 기본적 인권을 보호하고 향상함으로써 인간의 존엄성과 가치를 실현할 수 있도록 하고 있습니다.

　우리 사회에서 일어나는 인권 침해는 다양합니다. 국가 권력에 의한 것과 사회적 차별에 의한 것, 개인에 의한 것 등 심각한 경우가 많습니다. 국가 인권위원회는 인권 침해가 발생하면 이를 조사하고 인권 침해를 당한 사람을 도와줍니다.

　또 국가인권위원회는 인권정책이 개선될 수 있도록 하고, 국민의 인권 의식을 향상하기 위해 교육과 홍보 활동을 합니다. 각국에 설치된 인권기구들과 연계해 우리나라 국민의 인권에 도움을 주도록 노력하고 있습니다.

　1. 어휘의 뜻을 설명해 보세요.

인권:

설립:

권장:

보편적인:

향상:

존엄성:

실현:

개선:

홍보:

2. 국가 인권 인권위원회가 독립적인 기구로 활동하는 까닭은 무엇
   일까요?

3. 국제 사회가 각국의 인권 문제에 관심을 갖는 이유는 무엇일까요?

4. 사회적 차별에 의해 인권이 침해되는 경우를 구체적으로 4가지 이
   상 예로 들어 보세요.

5. 우리 사회에서 어린이들의 인권이 침해되는 경우를 말해 보세요.

6. 각국에 설치된 인권 기구와 협력해 우리나라 국민의 인권이 향상 되도록 해야 하는 까닭은 무엇일까요? 예를 들어 설명해 보세요.

7. 만약에 내가 인권을 침해당하면 어떻게 해결할까요?

테스트 5

 과학 5-1 107쪽, 109쪽, 111쪽을 참고해서 풀어주세요.

1. 다음 어휘를 설명해 보세요.

1) 세균:

2) 원생생물:

3) 생물:

4) 분해:

5) 유용하게:

6) 특성:

7) 영양소:

8) 건강식품:

9) 하수처리:

2. 세균을 구분하는 기준은 무엇인가요?

3. 다양한 세균의 공통점은 무엇인가요?

4. 다양한 생물이 우리 생활에 미치는 해로운 점과 이로운 점을 나눠서 정리해 보세요.

5. 곰팡이나 세균이 사라지면 우리 생활은 어떻게 달라질까요?

6. 세균을 이용하여 질병을 치료하는 데 어떻게 이용되나요?

7. 미생물을 연구하는 과학자 중 내가 알고 있는 과학자는 누가 있나요? 그의 업적은 무엇인가요?

8. 균류, 원생생물, 세균과 같은 생물을 관찰하기 위해 꼭 필요한 실험 기구는 무엇일까요?

9. 내가 경험한 미생물의 영향은 무엇이 있나요?

🗨 6학년 자가진단

테스트 1

6학년 자녀에게 다음 어휘의 뜻을 말해 보거나 사용 예시를 들어보게 하면 교과서 어휘를 얼마나 잘 알고 있는지 알 수 있습니다.

6학년 국어 교과서를 중심으로 뽑은 어휘입니다. 요즘 아이들은 자신이 쓰고 싶은 언어만 사용해서, 일상적인 어휘 수준에 문제가 없더라도, 교과서에 나오는 학습을 위한 어휘력이 현저히 떨어집니다. 어휘력이 떨어지면 개념 이해력이 약하거나 이해의 폭이 좁습니다.

인권:

비범:

토의:

토론: (토의와 토론은 무엇이 다른가요?)

촉구:

항일:

의병 운동:

아낙네:

쏘다니며:

포악:

강성:

배려:

후학을 길러 내다:

(글이나 그림, 글씨에) 능하다:

유배:

일화가 유명하다:

견문:

문하생:

연적:

차를 우리다:

심드렁하게 말하다:

아리송한 말:

근면함에 혀를 내두르다:

그림 그리는 안목이 높아지다:

괴로움조차도 기꺼웠다:

행장:

탁본:

섭리:

투박한:

환희:

손사랫짓:

아버지가 한나절이 다 지나도록 잠에 취하신 탓이다:

손꼽아 기다리다:

물 쓰듯 쓰다:

애가 타다:

타당한 근거:

벌목:

다양한 매체:

비속어:

은어:

편집:

자막:

보완할 점:

테스트 2

다음 제시되는 지문은 6학년 교과서에 실린 작품과 유사하므로 아이들에게 낯설지 않을 것입니다. 내용도 익히 알고 있는 글입니다. 3가지 유형의 질문도 교과서에서 제시한 책 읽고 질문 만들기 기준에 따랐습니다. 책을 깊이 있게 이해하기 위해서 이런 질문들이 반드시 필요합니다. 독서 지도를 할 때 꼭 필요한 질문 유형입니다.

제목: 홍길동전

조선의 세종대왕이 즉위한 지 15년이 되던 해에 양반 아버지와 노비 어머니 사이에서 홍길동이 태어납니다.

어릴 적부터 다른 사람들과 달리 비범하고 총명하여 사람들의 칭찬이 자자합니다. 노비 어머니에게서 태어났다는 이유로 벼슬을 얻을 수 없는 한계가 있습니다.

아버지를 아버지라 부르지 못하고, 형을 형이라 부르지 못합니다.

홍길동의 비범함을 질투하여 홍길동을 헤치려고 합니다.

당시, 열한 살이던 홍길동은 체격도 크고 용감하며 둔갑술도 익혔습니다.

자신과 어머니를 죽이려고 했던 자객을 잡고 모든 이유를 알게 되자, 그 길로 어머니께 인사를 드리고 집을 떠나게 됩니다.

홍길동은 도적 떼의 우두머리가 됩니다. 그 후, 지혜와 술법을 써서 도적 떼를 이끌고 조선 팔도를 다니며 탐관오리들이 힘없는 백성에게 빼앗은 재물을 훔쳐 돌려주며 선량한 백성의 재물은 절대 손대지 않고 가난한 백성들을 돕는 '활빈당'을 만듭니다.

홍길동을 잡아들이라는 임금의 명령이 떨어지고 홍길동은 분신술을 이용하여 도저히 잡을 수가 없었습니다. 임금은 친형을 이용하여 길동을 잡으려고 하지만 이마저도 실패합니다.

임금에게 길동은 병조판서를 요구하지만, 벼슬을 내리사 길동은 그 뒤로 나타나지 않았습니다.

조선을 떠난 길동은 3000여 명의 부하들과 함께 율도국이라는 나라에 도착합니다. 나라를 다스리지 않고 사치와 향락에 빠진 율도국 왕을 물리친 뒤 율도국을 평화롭게 다스리며 여생을 보냅니다.

이 지문은 6학년이 읽기에 짧은 지문입니다. 글을 깊이 이해하였는지 테스트하기 위해 선택했습니다.

1. 어휘 뜻 쓰기

노비:

비범:

궁리:

향락:

여생:

2. 책에서 바로 답을 찾을 수 있는 질문(바르게 읽기)

1) 홍길동이 벼슬길에 오를 수 없었던 이유는 무엇인가요?

2) 길동이 비범하고 총명한 능력을 가지고 있다는 것을 어떻게 알 수 있나요?

3) 임금이 길동을 잡아들이라고 명한 이유는 무엇인가요?

4) 길동이 임금에게 요구한 것은 무엇인가요?

5) 길동은 여생을 어떻게 보냈나요?

3. 책의 내용으로 미루어 생각했을 때 답을 찾을 수 있는 질문(깊이 읽기, 추론적 읽기)

1) 길동은 자신의 신분 때문에 아버지를 아버지라 부르지 못하고, 형을 형이라고 부르지 못했다. 또 친척과 종들마저 자신을 차별하자 이를 견디지 못하고 집을 나가 산속에서 살 궁리를 했다. 이것으로 미루어 길동은 어떤 사람이라고 생각하나요?

2) 길동은 부하들과 함께 조선 팔도를 돌아다니며 못된 벼슬아치를 벌하고, 빼앗은 재물은 굶주린 백성에게 돌려주었다. 이런 길동의 행동

에서 길동의 어떤 면을 알 수 있나요?

3) 길동은 사치와 향락을 일삼던 율도국의 왕을 물리친 뒤 율도국을
   평화롭게 다스리며 여생을 보냈다. 길동은 율도국을 평화롭게 다
   스렸다고 하는데 어떤 왕이었을까요?

자신의 생각을 쓸 때 타당한 근거를 바탕으로 해야 합니다. 예를 들
면 1번. "저항심이 있다." 이렇게만 쓰면 부족합니다. "기존 제도에 순응
하지 않고 부당한 것을 참지 못하는 사람이다. 그렇지만 산속으로 들어
가려고 한 것으로 미루어 사회의 모순을 개혁하려는 의지가 있는 것도
아니다." 이렇게 제시된 지문에 근거해서 질문에 답해야 합니다.

4. 책 내용을 비판하거나 감상하기 위한 질문

1) 길동이 할빈당을 만들어 도적 떼의 두목이 되어 나라의 걱정거리
   가 된 것에 대해 어떻게 생각하나요?

2) 임금이 길동에게 병조 판서 벼슬을 내렸으나 정작 병조 판서 벼슬을
   받은 길동은 그 뒤로 나타나지 않았다. 이것에 대한 생각을 쓰세요.

3) 나라면 길동의 비범함과 총명함을 어떻게 사용했을까요?

4) 《홍길동전》은 어떤 의미를 지닌 작품이라고 생각하나요?

5) 《홍길동전》과 관련이 있는 작품에는 무엇이 있나요?

6) 과거의 신분 제도, 과거 제도와 같은 제도가 지금 우리 사회에 있
   는 것이 있나요? 있다면 왜 그렇게 생각하나요? 없다면 왜 그렇게
   생각하나요?

5. 어휘의 뜻을 알고 자유롭게 사용할 수 있어야 하고, 3가지 유형의
   질문에 답할 수 있어야 합니다. 어휘력이 부족하면 제대로 의미를
   파악할 수 없어 질문에 답하는 데 어려움을 겪게 됩니다. 예를 들면
   '비범', '총명'이라는 어휘를 정확히 몰라도 전체 내용 파악은 됩니다.
   그러나 길동이 한 행동들을 연관 짓거나 비판하거나 감상하기 위한
   질문의 의도를 정확히 파악하기 어렵습니다. 따라서 깊이 읽기가 부
   족하여 학년이 올라갈수록 독서의 질은 떨어집니다. 그러다 보면 책
   을 읽으면 길러지는 사고력과 이해력을 기를 수 없게 됩니다.

테스트 3

다음은 샌드위치 4인분을 만들기 위해서 필요한 재료와 재료의 양입니다. 샌드위치 1인분을 만들 때는 각 재료가 얼마나 필요한지 구해봅시다.

샌드위치(4인분) 재료

  식빵 8장

  참치 2캔(300g)

  다진 양파 10큰술

  다진 당근 20큰술

  녹인 버터 3 ½ 큰술

· 1인분을 만드는 데 필요한 재료의 양을 구하는 방법을 말해 보세요.
· 1인분을 만드는 데 필요한 재료의 양을 구해 보세요.

식빵:

참치:

다진 양파:

다진 당근:

녹인 버터:

1. 구하려는 것은 무엇입니까?

2. 1인분을 만드는 데 필요한 재료의 양을 구하는 방법을 말해 보세요.

3. 1인분을 만드는 데 필요한 재료의 양을 구해 보세요.

4. 1인분을 만드는 데 필요한 재료의 양을 구하고 샌드위치를 만들면
   어떤 점이 좋을까요?

5. 만약에 내가 샌드위치를 만든다면 무슨 재료를 더 넣고 싶나요?
   자신이 넣고 싶은 재료를 더 넣을 때 1인분을 만드는 데 필요한 재
   료의 양에는 변화가 없는가요?

응급조치:
교과서 어휘
알아보기

이 부분은 아이가 교과서 어휘를 어느 정도 알고 있는지 진단해 볼 수 있는 자료입니다. 아이에게 어휘장을 만들어 외우게 하는 대신 과목별로 실은 이 자료를 활용해 교과서에서 찾아보며 문맥을 통해 알 수 있도록 도움을 주기를 바랍니다.

특히 수학이나 사회, 과학 과목은 교과서에 나오는 어휘가 개념과 관련된 어휘가 대부분입니다. 아이들이 일상생활에서 쓰는 어휘는 많이 알고 쓰지만 정작 학습을 위한 어휘는 학년이 올라갈수록 잘 모릅니다. 학습량이 많아지고 사고력을 요구하는 고학년이 될수록 더욱 어려워합니다. 그때마다 정확하게 익히고 자신의 것으로 만들 수 있도록 하면 좋겠습니다.

<부록2 응급조치: 교과서 어휘 알아보기>에는 어휘를 나열한 표가 등장합니다. 아이와 함께 표를 보며 뜻을 유추해보고, 잘 알고 있는 어휘에는 ○표, 알고 있지만 확실하지 않은 어휘에는 △표, 알지 못하는 어휘에는 ×표를 해주세요. 다음에 표를 볼 때는 △표와 ×표가 된 어휘를 위주로 학습하고, 뜻을 깨달은 어휘에는 역시 ○표를 해주세요. 여러 번 반복해서 표를 공부하고 모든 어휘에 ○표를 할 수 있도록 해보세요.

📝 1학년

어려운 어휘가 많이 나오지는 않습니다. 그래도 모르고 넘어가는 어휘가 없도록 확인해 보아야 합니다. 아이가 안다고 하는 어휘의 뜻도 설명하는 능력이 부족할 수 있으니, 말로 짧은 글짓기를 하게 해 보거나 어떤 때 그 어휘를 쓰는지 물어보는 것으로 확인하면 좋을 듯합니다.

이제 교과서에 나오는 어휘는 반드시 정확하게 알아야 한다는 인식을 갖도록 해 주는 것이 중요합니다. 의성어와 의태어가 비교적 많이 나옵니다. 그림책을 읽으면서 많이 보아 온 표현들이 많을 듯합니다.

어휘

어휘	뜻	확인		
바구니		○	△	×
우리		○	△	×
친구		○	△	×
바르다		○	△	×
제비		○	△	×
참새		○	△	×
자음자		○	△	×
이름		○	△	×
알기		○	△	×
모음자		○	△	×

도라지		○	△	×
상황		○	△	×
받침		○	△	×
문장		○	△	×
문장부호		○	△	×
소고. 저고리		○	△	×
호수		○	△	×
고라니		○	△	×
모과		○	△	×
앵두		○	△	×
자두		○	△	×
호박		○	△	×
동네		○	△	×
은혜 갚은		○	△	×
띄어 읽기		○	△	×
보자기		○	△	×
경험		○	△	×
나무꾼		○	△	×
설명		○	△	×
쉼표		○	△	×
마침표		○	△	×
물음표		○	△	×
느낌표		○	△	×
어슬렁어슬렁		○	△	×
폴짝폴짝		○	△	×
방울방울		○	△	×
주룩주룩		○	△	×
겪은 일		○	△	×
외투		○	△	×

여미다. 용궁		○	△	×
소개		○	△	×
주인공		○	△	×
꼼질꼼질		○	△	×
돌잡이		○	△	×
돌잔치		○	△	×
붓		○	△	×
활		○	△	×
해적		○	△	×
병풍		○	△	×
쓱쓱		○	△	×
쨍쨍		○	△	×
가슴이 벌렁벌렁		○	△	×
울긋불긋		○	△	×
모래성		○	△	×
얹다		○	△	×
가엽다		○	△	×
엉금엉금		○	△	×
밝다/맑다		○	△	×
단풍		○	△	×
응원		○	△	×
무럭무럭		○	△	×
함박웃음		○	△	×
핥다		○	△	×
뚫다		○	△	×
얇은		○	△	×
둥지		○	△	×
큰따옴표		○	△	×
초대		○	△	×

경험		○	△	×
구별		○	△	×
비교		○	△	×
높이		○	△	×
규칙 적용		○	△	×
묶음		○	△	×
낱개		○	△	×
특징		○	△	×
의논		○	△	×
조물조물		○	△	×
도란도란		○	△	×
생명		○	△	×
버들강아지		○	△	×
개나리		○	△	×
진달래		○	△	×
튤립		○	△	×
목련		○	△	×
벚나무		○	△	×
민들레		○	△	×
철쭉		○	△	×
소중하다		○	△	×
씨앗		○	△	×
시루		○	△	×
가족/친척		○	△	×
고종사촌/이종사촌		○	△	×
돌잔치		○	△	×
역할놀이		○	△	×
예절		○	△	×
고모		○	△	×

이모		○	△	×
특징		○	△	×
형제		○	△	×
에너지		○	△	×
구슬비		○	△	×
이웃		○	△	×
나눔장터		○	△	×
종알종알		○	△	×
조롱조롱		○	△	×
대롱대롱		○	△	×
태풍		○	△	×
자선장터		○	△	×
추석		○	△	×
명절		○	△	×
차례		○	△	×
추석빔		○	△	×
벌초		○	△	×
추수		○	△	×
오물오물		○	△	×
조물락조물락		○	△	×
가족		○	△	×
성묘		○	△	×
제기		○	△	×
민족		○	△	×
배려		○	△	×
전통놀이		○	△	×
한복		○	△	×
남생아		○	△	×
전통음식		○	△	×

지점토		○	△	×
조상		○	△	×
지혜		○	△	×
짚		○	△	×
전통 문양		○	△	×
수수깡		○	△	×
대각선		○	△	×
점선		○	△	×
태극 무늬		○	△	×
애국가		○	△	×
삼천리		○	△	×
닳도록		○	△	×
보우하사		○	△	×
강산		○	△	×
길이 보존하세		○	△	×
자료		○	△	×
민족		○	△	×
통일		○	△	×
유럽		○	△	×
발전		○	△	×
동장군		○	△	×
특징		○	△	×
가습기		○	△	×
송이송이		○	△	×
골판지		○	△	×
스티로폼		○	△	×
성금		○	△	×
기부		○	△	×
비밀		○	△	×

공격		○	△	×
수비		○	△	×
다양하게		○	△	×

2학년

1학년 때보다 어휘가 조금 어려워졌습니다. 반대말이 나오기 시작합니다. 반대말의 개념을 확실하게 알려 주고 정확하게 사용할 수 있도록 합니다.

1학년 때 나온 어휘들을 다시 물어보고 모르는 것은 표시를 해 놓고 알 수 있도록 지도하는 것이 좋습니다.

어휘

어휘	뜻	확인		
부뚜막		○	△	×
코올코올		○	△	×
가릉가릉		○	△	×
소올소올		○	△	×
화해		○	△	×
울부짖다		○	△	×
딱지		○	△	×
조마조마		○	△	×
낭송		○	△	×
들고양이		○	△	×
안전		○	△	×
실망		○	△	×

뿌듯하다		○	△	×
질투		○	△	×
건성		○	△	×
반나절		○	△	×
위로		○	△	×
시내		○	△	×
기발		○	△	×
만장일치		○	△	×
확정		○	△	×
개울가		○	△	×
소중해		○	△	×
문구점		○	△	×
동아줄		○	△	×
주말		○	△	×
등잔불		○	△	×
이튿날		○	△	×
한밤중		○	△	×
민속박물관		○	△	×
상황		○	△	×
분실물		○	△	×
텃밭		○	△	×
옹기종기		○	△	×
균형		○	△	×
순서		○	△	×
도시락		○	△	×
수컷		○	△	×
입원비		○	△	×
퇴원		○	△	×
수술		○	△	×

치료		○	△	×
고깔		○	△	×
실수		○	△	×
진심		○	△	×
결승선		○	△	×
배려		○	△	×
실천		○	△	×
다짐		○	△	×
옹기종기		○	△	×
뒤척이다. 부랴부랴		○	△	×
양동이		○	△	×
틀리다/다르다		○	△	×
적다/작다		○	△	×
잊어버리다/잃어버리다		○	△	×
가리키다/가르치다		○	△	×
다치다/닫히다		○	△	×
반드시/반 듯이		○	△	×
식혀서/시켜서		○	△	×
걸음/거름		○	△	×
가치/같이		○	△	×
마치다/맞히다		○	△	×
느리다/늘이다		○	△	×
깁다/깊다		○	△	×
야영		○	△	×
오명		○	△	×
명확하게		○	△	×
유행어		○	△	×
낭비		○	△	×
습관		○	△	×

숲		○	△	×
노력		○	△	×
화단		○	△	×
봄나들이		○	△	×
양지		○	△	×
동구 밖		○	△	×
변덕쟁이		○	△	×
추억		○	△	×
가족/식구		○	△	×
야단법석		○	△	×
대문		○	△	×
봉사 활동		○	△	×
모둠		○	△	×
모형		○	△	×
송이		○	△	×
동전		○	△	×
비교		○	△	×
도형		○	△	×
원		○	△	×
삼각형		○	△	×
사각형		○	△	×
꼭지점		○	△	×
변		○	△	×
칠교판		○	△	×
조각		○	△	×
안내도		○	△	×
입체영상		○	△	×
곤충		○	△	×
울타리		○	△	×

주차장		○	△	×
공원		○	△	×
뺨		○	△	×
선		○	△	×
어림한 길이		○	△	×
분류		○	△	×
기준		○	△	×
고민		○	△	×
고깔모자		○	△	×
미로		○	△	×
동시에		○	△	×
곱셈		○	△	×
빙고놀이		○	△	×
번갈아		○	△	×
사물함		○	△	×
결승선		○	△	×
알림판		○	△	×
멀리뛰기		○	△	×
제기		○	△	×
신문지		○	△	×
축제		○	△	×
전통문화		○	△	×
계획		○	△	×
심사		○	△	×
백일잔치		○	△	×
돌잔치		○	△	×
농장		○	△	×
박물관		○	△	×
체험 규칙		○	△	×

문장 낱말		○	△	×
설명		○	△	×
오감놀이		○	△	×
감각놀이		○	△	×
세균		○	△	×
충치균		○	△	×
엄지손가락		○	△	×
손깍지		○	△	×
보건실		○	△	×
정형외과		○	△	×
치과		○	△	×
안과		○	△	×
소아청소년과		○	△	×
이비인후과		○	△	×
재활용품		○	△	×
표정		○	△	×
흉내		○	△	×
소개		○	△	×
미래		○	△	×
표현		○	△	×
습관		○	△	×
다짐		○	△	×
실천		○	△	×
봄		○	△	×
나들이		○	△	×
외투		○	△	×
양지		○	△	×
동구밖		○	△	×
비교		○	△	×

술래		○	△	×
변덕쟁이		○	△	×
일기예보		○	△	×
현장체험학습		○	△	×
촬영감독		○	△	×
농부		○	△	×
시골길		○	△	×
봄맞이		○	△	×
불편		○	△	×
다양한		○	△	×
율동		○	△	×
가족		○	△	×
분리		○	△	×
역할		○	△	×
문지기		○	△	×
등산		○	△	×
캠핑		○	△	×
형제		○	△	×
관찰		○	△	×
특징		○	△	×
한지		○	△	×
해충		○	△	×
안전수칙		○	△	×
수련		○	△	×
개구리밥		○	△	×
물잠자리		○	△	×
부레옥잠		○	△	×
소금쟁이		○	△	×
물방개		○	△	×

물자라		○	△	×
우렁이		○	△	×
물거미		○	△	×
장구애비		○	△	×
동작		○	△	×
꼬물꼬물		○	△	×
올챙이		○	△	×
변신		○	△	×
농약		○	△	×
오염		○	△	×
방학		○	△	×
알차게		○	△	×
관찰		○	△	×
어슬렁어슬렁		○	△	×
추수		○	△	×
우체국		○	△	×
싱싱하다		○	△	×
시장		○	△	×
마술사		○	△	×
방해		○	△	×
예절		○	△	×
보람		○	△	×
어부		○	△	×
경비원		○	△	×
사회복지사		○	△	×
소중해		○	△	×
환경미화원		○	△	×
바리스타		○	△	×
배달		○	△	×

사거리		○	△	×
단풍		○	△	×
주렁주렁		○	△	×
낙엽		○	△	×
질서		○	△	×
규칙		○	△	×
문화		○	△	×
존중		○	△	×
풍습		○	△	×
이해		○	△	×
예의		○	△	×
전통의상		○	△	×
예절		○	△	×
반환점		○	△	×
민요		○	△	×
십리		○	△	×
율동		○	△	×
민속춤		○	△	×
미로		○	△	×
겨울잠		○	△	×
번데기		○	△	×
겨울나기		○	△	×
보호		○	△	×
홍보활동		○	△	×
겨울눈		○	△	×
계획		○	△	×
규칙적		○	△	×

　1, 2학년이 일상생활과 관련된 낱말이 많았다면 3학년부터는 학습과 관련된 낱말이 많이 등장합니다. 특히 국어에 문단, 중심 문장, 뒷받침 문장, 감각적 표현, 생생하게, 높임 표현, 마음을 나타내는 말, 기본형, 명사, 원인과 결과 등은 앞으로 수업 시간이나 책을 읽을 때 명확하게 활용할 수 있도록 정확하게 알아야 하는 낱말입니다.

　글이 길어지면서 자세히 묘사하다 보니 다양한 낱말이 쓰이고, 섬세하게 표현하는 단어들이 많이 나옵니다. 결과적으로 낱말의 양이 현저하게 늘어나게 됩니다.

　차이를 정확하게 알아야 하는 단어들이 나옵니다. 예를 들면 서리, 무서리, 올서리, 된서리 같은 경우입니다. 이것은 4학년 단어들과도 관련이 있습니다.

어휘

어휘	뜻	확인		
끝자락		○	△	×
감각적 표현		○	△	×
생생하게		○	△	×
맥박		○	△	×
까무룩		○	△	×

장승		○	△	×
반나절		○	△	×
신바람		○	△	×
보름달		○	△	×
새벽 닭 문단		○	△	×
중심 문장		○	△	×
뒷받침 문장		○	△	×
한과		○	△	×
조청		○	△	×
고물		○	△	×
끈기		○	△	×
엿기름		○	△	×
높임,표현		○	△	×
진지		○	△	×
여쭈어보다		○	△	×
사물함		○	△	×
생신		○	△	×
기특하다		○	△	×
위로		○	△	×
메모		○	△	×
타악기		○	△	×
현악기		○	△	×
옥상		○	△	×
일자리		○	△	×
유쾌하다		○	△	×
산울림/메아리		○	△	×
취업		○	△	×
연못		○	△	×
웅덩이		○	△	×

		○	△	×
원인/결과		○	△	×
품삯		○	△	×
정확하게		○	△	×
명사		○	△	×
약호		○	△	×
기호		○	△	×
낱말		○	△	×
기본형		○	△	×
삼짇날		○	△	×
번칠		○	△	×
화전		○	△	×
독성		○	△	×
식용		○	△	×
발명/발견		○	△	×
잃다/잊다		○	△	×
무례		○	△	×
당돌한		○	△	×
호기심		○	△	×
의견		○	△	×
골무		○	△	×
인두		○	△	×
솔기		○	△	×
새침데기		○	△	×
한땀		○	△	×
소저		○	△	×
수심		○	△	×
발생		○	△	×
삼가		○	△	×
닳게		○	△	×

갉아		○	△	×
어엿한		○	△	×
서약서		○	△	×
서명		○	△	×
서식지		○	△	×
단서		○	△	×
채집		○	△	×
살갗		○	△	×
차단		○	△	×
출구		○	△	×
확보		○	△	×
대비		○	△	×
산사태		○	△	×
붕괴		○	△	×
대피		○	△	×
해일		○	△	×
발령		○	△	×
질투		○	△	×
희생		○	△	×
그리움		○	△	×
말투		○	△	×
젠체		○	△	×
탐구		○	△	×
안전사고		○	△	×
안전 수칙		○	△	×
갯벌		○	△	×
적합한		○	△	×
번식		○	△	×
밀물/썰물		○	△	×

양식		○	△	×
분해		○	△	×
오염		○	△	×
물질		○	△	×
홍수		○	△	×
토박이말		○	△	×
고유어		○	△	×
꽃샘추위/꽃샘바람		○	△	×
소슬바람		○	△	×
질투		○	△	×
마른장마		○	△	×
불볕더위		○	△	×
건들바람		○	△	×
건들장마		○	△	×
서리		○	△	×
무서리		○	△	×
올서리		○	△	×
된서리		○	△	×
삼베		○	△	×
모시		○	△	×
무명		○	△	×
비단		○	△	×
합성 섬유		○	△	×
무진장하다		○	△	×
조율		○	△	×
입장		○	△	×
할인권		○	△	×
전망대		○	△	×
열량소모량		○	△	×

		○	△	×
평면도형		○	△	×
선		○	△	×
반직선		○	△	×
직선		○	△	×
각		○	△	×
꼭짓점		○	△	×
변		○	△	×
직각		○	△	×
실생활		○	△	×
직각삼각형		○	△	×
한옥		○	△	×
정글짐		○	△	×
무인도		○	△	×
탈출		○	△	×
단위		○	△	×
주변		○	△	×
재활용		○	△	×
구역		○	△	×
자연수		○	△	×
대분수		○	△	×
리터		○	△	×
밀리리터		○	△	×
그램		○	△	×
킬로그램		○	△	×
존중		○	△	×
외롭다		○	△	×
뗏목		○	△	×
배려		○	△	×
우정		○	△	×

사과		○	△	×
믿음		○	△	×
솔직함		○	△	×
소중함		○	△	×
정성		○	△	×
인내		○	△	×
최선		○	△	×
낙숫물이 바위를 뚫는다		○	△	×
끈기		○	△	×
실천		○	△	×
도우미		○	△	×
구체적		○	△	×
자신감		○	△	×
제본소		○	△	×
희망		○	△	×
자기장		○	△	×
발견		○	△	×
칭찬		○	△	×
보물		○	△	×
인내는 쓰다 그러나 그 열매는 달다		○	△	×
성실		○	△	×
정성		○	△	×
근면		○	△	×
포기		○	△	×
가화만사성		○	△	×
화목		○	△	×
은혜		○	△	×
꾸지람		○	△	×

253

		○	△	×
습관		○	△	×
예습		○	△	×
복습		○	△	×
잔소리		○	△	×
섭섭한		○	△	×
효도		○	△	×
양보		○	△	×
고통		○	△	×
관리		○	△	×
골똘이		○	△	×
모형화폐		○	△	×
절약		○	△	×
공공장소		○	△	×
규칙		○	△	×
양심		○	△	×
공익		○	△	×
생명체		○	△	×
가치		○	△	×
심장		○	△	×
진심		○	△	×
공동체		○	△	×
환경		○	△	×
고장		○	△	×
알림판		○	△	×
산책		○	△	×
슈퍼마켓		○	△	×
버스터미널		○	△	×
주민센터		○	△	×
소개		○	△	×

인공위성		○	△	×
스카이워크		○	△	×
디지털영상		○	△	×
확대		○	△	×
축소		○	△	×
중앙로터리		○	△	×
백지도		○	△	×
생태공원		○	△	×
보건소		○	△	×
문화유산		○	△	×
성문		○	△	×
후손		○	△	×
명정		○	△	×
업적		○	△	×
빙고		○	△	×
고유한		○	△	×
피맛골		○	△	×
자연환경		○	△	×
민요		○	△	×
속담		○	△	×
고사성어		○	△	×
안성맞춤		○	△	×
유기		○	△	×
지명		○	△	×
봉우리		○	△	×
전설		○	△	×
민담		○	△	×
범종		○	△	×
화랑도		○	△	×

귀족		○	△	×
민속마을		○	△	×
침입		○	△	×
보존		○	△	×
면담		○	△	×
마당놀이		○	△	×
답사		○	△	×
인류		○	△	×
가마		○	△	×
소달구지		○	△	×
전차		○	△	×
증기선		○	△	×
승용차		○	△	×
해외		○	△	×
섬		○	△	×
생신		○	△	×
공항		○	△	×
여객선터미널		○	△	×
택배		○	△	×
갯벌		○	△	×
인문환경		○	△	×
하천		○	△	×
항구		○	△	×
조선소		○	△	×
염전		○	△	×
강수량		○	△	×
수확		○	△	×
숙박시설		○	△	×
수리		○	∧	×

		○	△	×
여가생활		○	△	×
면담조사		○	△	×
의식주		○	△	×
사막		○	△	×
망토		○	△	×
해산물		○	△	×
열대과일		○	△	×
산지		○	△	×
과수원		○	△	×
세시풍속		○	△	×
생활도구		○	△	×
청동		○	△	×
수확		○	△	×
농기계		○	△	×
한옥		○	△	×
온돌		○	△	×
아궁이		○	△	×
주방		○	△	×
뒷간		○	△	×
거름		○	△	×
차례		○	△	×
제사		○	△	×
명절		○	△	×
안부		○	△	×
동지		○	△	×
기원		○	△	×
설빔		○	△	×
풍년		○	△	×
구성원		○	△	×

주례		○	△	×
친절		○	△	×
혼인		○	△	×
혼례		○	△	×
확대가족		○	△	×
핵가족		○	△	×
평등		○	△	×
의식		○	△	×
사회진출		○	△	×
갈등		○	△	×
배려		○	△	×
협력		○	△	×
반려동물		○	△	×
이산가족		○	△	×
탐구		○	△	×
현상		○	△	×
해결		○	△	×
관찰		○	△	×
감각기관		○	△	×
청진기		○	△	×
현미경		○	△	×
측정		○	△	×
측정도구		○	△	×
분류		○	△	×
흔적		○	△	×
공통점		○	△	×
차이점		○	△	×
무리 추리		○	△	×
의사소통		○	△	×

물질		○	△	×
물체		○	△	×
용품		○	△	×
암수		○	△	×
역할		○	△	×
동물의 한 살이		○	△	×
애벌레		○	△	×
부화		○	△	×
번데기		○	△	×
어른벌레		○	△	×
곤충		○	△	×
완전탈바꿈		○	△	×
불완전탈바꿈		○	△	×
임신		○	△	×
짝짓기		○	△	×
동물사육사		○	△	×
청결		○	△	×
오물		○	△	×
인공수정		○	△	×
멸종위기		○	△	×
나침반		○	△	×
자석		○	△	×
표면		○	△	×
육지		○	△	×
계곡		○	△	×
화산		○	△	×
세계일주		○	△	×
탐험대		○	△	×
생물		○	△	×

보존		○	△	×
막대자석		○	△	×
수조		○	△	×
확대경		○	△	×

　　사회 교과서 뒤에 표로 찾아 보기가 나옵니다. 이 단어들은 학습과 관련된 낱말들이 많기 때문에 앞으로 학습을 하는 데 걸림돌이 되지 않도록 반드시 익혀야 합니다. 낱말을 보고 뜻을 정확하게 설명할 수 있으면 굳이 앞으로 가서 찾아볼 필요는 없습니다. 그러나 내용이 헷갈리거나 설명할 수 있을 정도로 정확히 모르면 반드시 표시된 페이지로 돌아가 문맥적으로 의미를 짐작해 보고, 그래도 잘 모르겠으면 반드시 사전을 찾아 익히도록 합니다. 이것은 국어 교과서4학년에 소개된 방법입니다. 4학년이 되면 낱말은 더 많이 늘어납니다. 국어도 설명문과 주장하는 글이 많이 늘어나고, 길이도 길어지기 때문입니다.

국어 교과서에 새로운 낱말이 많이 나옵니다. 특히 교과서 하단에 낱말 풀이를 해 놓았습니다. 이것은 낱말의 중요성과 함께 문맥적 의미가 중요하다는 것을 강조한 듯합니다. 아이들을 가르치다 보면 일상생활에 필요한 낱말은 많이 알고 있는데 공부를 위한 학습과 관련된 어휘는 매우 약합니다. 공부는 개념 학습이라고 해도 과언이 아닙니다. 그래서 학습을 할 때 어휘가 중요한 것입니다. 1, 2학년까지는 일상생활에 필요한 어휘들이 주를 이루었다면 3학년부터 학습과 관련된 낱말들이 나오기 시작합니다. 그러다 4학년이 되면 그 비중이 월등히 높아집니다. 그러므로 국어뿐만 아니라 사회, 과학, 도덕 과목에 나오는 어휘들을 잘 알아야 합니다. 이런 학습과 관련된 어휘는 학년이 올라갈수록 그 비중이 더 많아지고 또한 반복해서 나옵니다. 그러므로 제 학년에 나오는 교과서 낱말은 기본적으로 다 알아야 합니다. 그것도 설명할 수 있고 활용할 수 있도록 정확히 아는 것이 중요합니다.

1~3학년까지 나온 어휘는 가급적 제외했습니다.

교과서가 아니면 평상시 생활하면서 잘 사용하지 않는 낱말이 많다고 느끼실 겁니다. 특히 국어 교과서인데 사회나 과학 교과서에 나올 법한 어휘가 많습니다. 그것은 설명문과 논설문의 비중이 커진 것이고, 교과가 한 과목에 국한되지 않고 전 과목 통합적이라는 방증입니다.

어휘

어휘	뜻	확인		
인권		○	△	×
가훈		○	△	×
곳간		○	△	×
헐레벌떡		○	△	×
사랑채		○	△	×
흉년		○	△	×
허다하다		○	△	×
연일		○	△	×
영문도 모른채		○	△	×
뒤주		○	△	×
거짓부렁		○	△	×
을러메다		○	△	×
화실		○	△	×
파르스름하다		○	△	×
뭉근해지다		○	△	×
성대		○	△	×
화석		○	△	×
총각		○	△	×
꽂개		○	△	×
원시시대		○	△	×
농기구		○	△	×
수확		○	△	×
잉여생산		○	△	×
물물교환		○	△	×
유목민		○	△	×

금속		○	△	×
방적공장		○	△	×
위조		○	△	×
텃새		○	△	×
화산섬		○	△	×
병풍		○	△	×
섬세한		○	△	×
구도		○	△	×
묘사		○	△	×
생동감		○	△	×
타원형		○	△	×
배치		○	△	×
단조로움		○	△	×
대비		○	△	×
완주하다		○	△	×
허름한 집		○	△	×
안도		○	△	×
대견하다		○	△	×
관측		○	△	×
사막		○	△	×
궤도		○	△	×
상세하게		○	△	×
퇴적작용		○	△	×
태양계		○	△	×
개회		○	△	×
폐회		○	△	×
표결		○	△	×
삭막하다		○	△	×
협곡		○	△	×

기본형		○	△	×
생활필수품		○	△	×
보급		○	△	×
예상		○	△	×
질감		○	△	×
특유		○	△	×
위생적		○	△	×
감응종이		○	△	×
영수증		○	△	×
상용화		○	△	×
원격		○	△	×
사양		○	△	×
칭칭해서		○	△	×
포유동물		○	△	×
진화		○	△	×
생물		○	△	×
다채로운		○	△	×
하찮다		○	△	×
엄연히		○	△	×
암각화		○	△	×
태평한		○	△	×
과인		○	△	×
어진		○	△	×
어의		○	△	×
우주만물		○	△	×
독창성		○	△	×
문맹률		○	△	×
창제		○	△	×
문법책		○	∧	×

서문		○	△	×
구절		○	△	×
승강기		○	△	×
그림말		○	△	×
신중		○	△	×
주섬주섬		○	△	×
심통		○	△	×
다독이다		○	△	×
권법		○	△	×
수법		○	△	×
달인		○	△	×
야만인		○	△	×
원시인		○	△	×
풍습		○	△	×
문화		○	△	×
절차		○	△	×
지도		○	△	×
고대		○	△	×
점토판		○	△	×
국도		○	△	×
법원		○	△	×
시청		○	△	×
정보		○	△	×
방위표		○	△	×
방위		○	△	×
범례		○	△	×
기호		○	△	×
축척		○	△	×
등고선		○	△	×

활용		○	△	×
공항		○	△	×
터미널		○	△	×
중심지		○	△	×
탐색		○	△	×
취직		○	△	×
행정의 중심지		○	△	×
답사		○	△	×
필기도구		○	△	×
해수욕장		○	△	×
무형문화재		○	△	×
초상화		○	△	×
유형문화재		○	△	×
백지도		○	△	×
봉사		○	△	×
발명품		○	△	×
업적		○	△	×
노비		○	△	×
혼천의		○	△	×
양부일구		○	△	×
최선		○	△	×
자격루		○	△	×
공공 기관		○	△	×
참여		○	△	×
금화도감		○	△	×
혜민서		○	△	×
출동		○	△	×
교육청		○	△	×
단속		○	△	×

강화		○	△	×
화재		○	△	×
폭력		○	△	×
견학		○	△	×
공무원		○	△	×
도민		○	△	×
차도		○	△	×
인도		○	△	×
지역문제		○	△	×
소음문제		○	△	×
주택 노후화 문제		○	△	×
기피시설		○	△	×
배설물		○	△	×
재생에너지		○	△	×
우범지역		○	△	×
캠페인		○	△	×
서명운동		○	△	×
통학로		○	△	×
불법		○	△	×
속도		○	△	×
불법주차		○	△	×
정화		○	△	×
농업		○	△	×
어촌		○	△	×
임업		○	△	×
산지촌		○	△	×
촌락		○	△	×
풍력발전소		○	△	×
도시		○	△	×

귀촌		○	△	×
과속방지		○	△	×
교류		○	△	×
목장		○	△	×
휴양림		○	△	×
야영하기		○	△	×
특산물		○	△	×
도시농업		○	△	×
무공해		○	△	×
소득감소		○	△	×
일손부족		○	△	×
교환		○	△	×
소득		○	△	×
현명한		○	△	×
희소성		○	△	×
숙소		○	△	×
소비		○	△	×
인터넷		○	△	×
검색		○	△	×
홈쇼핑		○	△	×
생산지		○	△	×
원산지		○	△	×
유기농		○	△	×
경제적교류		○	△	×
전통시장		○	△	×
박람회		○	△	×
세계화		○	△	×
정보성		○	△	×
저출산		○	△	×

고령화		○	△	×
감소		○	△	×
복지제도		○	△	×
악성댓글		○	△	×
유출		○	△	×
문화		○	△	×
편견		○	△	×
차별		○	△	×
장벽		○	△	×
장애		○	△	×
도형		○	△	×
이동		○	△	×
각도		○	△	×
직각		○	△	×
선		○	△	×
각도의 크기		○	△	×
입장료		○	△	×
수출금액		○	△	×
이동전화		○	△	×
일조		○	△	×
기부		○	△	×
후원단체		○	△	×
예각		○	△	×
둔각		○	△	×
어림수		○	△	×
실생활		○	△	×
홍보물		○	△	×
뒤집기		○	△	×
돌리기		○	△	×

막대그래프		○	△	×
양궁		○	△	×
획득		○	△	×
개최지		○	△	×
선정		○	△	×
규칙		○	△	×
배열		○	△	×
이륙		○	△	×
운항		○	△	×
눈금실린더		○	△	×
식용소다		○	△	×
전자저울		○	△	×
부피		○	△	×
무게		○	△	×
핀치카드		○	△	×
부리		○	△	×
타당한근거		○	△	×
탐구		○	△	×
지층		○	△	×
화석		○	△	×
발굴하기		○	△	×
지층		○	△	×
암석		○	△	×
알갱이		○	△	×
운반		○	△	×
퇴적물		○	△	×
퇴적암		○	△	×
사암		○	△	×
이암		○	△	×

역암		○	△	×
자연사박물관		○	△	×
전시		○	△	×
고생물학자		○	△	×
견학		○	△	×
씨		○	△	×
한 살이		○	△	×
페트리접시		○	△	×
분무기		○	△	×
탈지면		○	△	×
떡잎		○	△	×
열매		○	△	×
꼬투리		○	△	×
한해살이		○	△	×
식물		○	△	×
새순		○	△	×
여러해살이		○	△	×
반복		○	△	×
종자저장고		○	△	×
식용식물		○	△	×
품종		○	△	×
개발		○	△	×
수평		○	△	×
용수철		○	△	×
무게		○	△	×
양팔저울		○	△	×
중력		○	△	×
인공중력		○	△	×
회전		○	△	×

		○	△	×
혼합물		○	△	×
거름종이		○	△	×
깔대기		○	△	×
스포이드		○	△	×
보안경		○	△	×
재생종이		○	△	×
자원		○	△	×
비커		○	△	×
부레옥잠		○	△	×
잎자루		○	△	×
잎몸		○	△	×
적응		○	△	×
건조한		○	△	×
보완		○	△	×
극지방		○	△	×
남극세종과학기지		○	△	×
고체		○	△	×
액체		○	△	×
기체		○	△	×
수증기		○	△	×
증발		○	△	×
기포		○	△	×
지진		○	△	×
분출		○	△	×
마그마		○	△	×
화성암		○	△	×
현무암		○	△	×
화강암		○	△	×
대피훈련		○	△	×

어휘가 많이 어렵습니다. 일상어는 거의 없고 학습과 관련된 낱말이 많습니다. 글의 종류가 다양하다 보니 사회, 과학 등 다른 과목과 관련된 낱말들이 많습니다. 교과서에 실린 글이 길다 보니 낱말이 다양할 수밖에 없습니다. 역시 5학년 교과서에 새로 등장한 어휘 위주로 살펴봅니다.

어휘

어휘	뜻	확인		
말투		○	△	×
소심		○	△	×
훼방		○	△	×
반만년		○	△	×
방방곡곡		○	△	×
천지		○	△	×
화강암		○	△	×
석탑		○	△	×
주어		○	△	×
서술어		○	△	×
목적어		○	△	×
문장 성분		○	△	×
다의어		○	△	×

보행		○	△	×
안전		○	△	×
탑승자		○	△	×
과속 차량		○	△	×
단속		○	△	×
비극		○	△	×
법규		○	△	×
무리하게		○	△	×
수칙		○	△	×
인공지능		○	△	×
불평등		○	△	×
지배관계		○	△	×
통제		○	△	×
윤리		○	△	×
규범		○	△	×
표절		○	△	×
허위		○	△	×
기여하다		○	△	×
중독		○	△	×
난청		○	△	×
거북목 증후군		○	△	×
역효과		○	△	×
토의		○	△	×
개교 기념일		○	△	×
검토		○	△	×
소수 의견		○	△	×
안건		○	△	×
제안		○	△	×
면담		○	△	×

불법 주정차		○	△	×
단속		○	△	×
개선		○	△	×
정문/후문		○	△	×
홍보 활동		○	△	×
여정		○	△	×
견문		○	△	×
기행문		○	△	×
멋쩍다		○	△	×
감수광		○	△	×
풍광		○	△	×
쪽빛		○	△	×
오름		○	△	×
선호하다		○	△	×
기내 방송		○	△	×
해안선		○	△	×
상공		○	△	×
방풍림		○	△	×
선회		○	△	×
활주로		○	△	×
수령		○	△	×
산천단		○	△	×
기슭		○	△	×
맵시		○	△	×
분화구		○	△	×
조림지		○	△	×
조망 되다		○	△	×
일출		○	△	×
제주 조릿대		○	△	×

기암 괴석		○	△	×
능선		○	△	×
웅장한		○	△	×
장엄한		○	△	×
멸종 위기		○	△	×
바늘 방석		○	△	×
단일어		○	△	×
복합어		○	△	×
연주		○	△	×
청아한		○	△	×
광대한		○	△	×
합주		○	△	×
서식지		○	△	×
토종 동물		○	△	×
생존 경쟁		○	△	×
지구 온난화		○	△	×
부빙		○	△	×
멸종		○	△	×
생태계		○	△	×
천연기념물		○	△	×
깃대종		○	△	×
지표종		○	△	×
광부		○	△	×
표식		○	△	×
출판		○	△	×
제4차 산업혁명		○	△	×
대응		○	△	×
대처		○	△	×
열정		○	△	×

패기		○	△	×
비색		○	△	×
기포		○	△	×
상감기법		○	△	×
연적		○	△	×
유려한		○	△	×
회화적		○	△	×
독창적		○	△	×
기법		○	△	×
뜨끔하다		○	△	×
핵심어		○	△	×
왜곡		○	△	×
선입견		○	△	×
과장		○	△	×
탐험가		○	△	×
미지의 땅		○	△	×
막대한		○	△	×
재생 자원		○	△	×
선진 문물		○	△	×
경청하기		○	△	×
누리 소통망		○	△	×
장정		○	△	×
농한기		○	△	×
농악대		○	△	×
함성		○	△	×
어르다		○	△	×
풍년		○	△	×
대동 놀이		○	△	×
정월		○	△	×

대보름		○	△	×
무형문화재		○	△	×
음력		○	△	×
무더위		○	△	×
인공적		○	△	×
배수로		○	△	×
글감		○	△	×
글머리		○	△	×
낟가리		○	△	×
소품		○	△	×
매체 자료		○	△	×
선플		○	△	×
악플		○	△	×
반박		○	△	×
모함		○	△	×
마녀 사냥		○	△	×
역공 작전		○	△	×
우롱		○	△	×
반격		○	△	×
불법 주차		○	△	×
개방		○	△	×
대세		○	△	×
오죽하면		○	△	×
귀가 어두워		○	△	×
뜬금없는		○	△	×
걸림돌		○	△	×
엄포		○	△	×
지척		○	△	×
매서워		○	△	×

끼적이기		○	△	×
마른침		○	△	×
깐깐한		○	△	×
근질근질		○	△	×
유의어		○	△	×
빈정대다		○	△	×
손수		○	△	×
주선		○	△	×
기색		○	△	×
역력		○	△	×
상심		○	△	×
옻칠하다		○	△	×
망태기. 괜시리		○	△	×
분수		○	△	×
혼합계산		○	△	×
탁본		○	△	×
열량		○	△	×
약수		○	△	×
배수		○	△	×
공약수		○	△	×
최대공약수		○	△	×
공배수		○	△	×
최소공배수		○	△	×
가장자리		○	△	×
말뚝		○	△	×
십간십이지		○	△	×
간지		○	△	×
대응관계		○	△	×
연산 카드		○	△	×

		O	△	×
배열순서		O	△	×
소모		O	△	×
약분		O	△	×
통분		O	△	×
소수		O	△	×
기약분수		O	△	×
공통분모		O	△	×
다각형		O	△	×
둘레		O	△	×
넓이		O	△	×
평행사변형		O	△	×
마름모		O	△	×
사다리꼴		O	△	×
밑변		O	△	×
평행		O	△	×
윗변		O	△	×
아랫변		O	△	×
높이		O	△	×
이상		O	△	×
이하		O	△	×
초과		O	△	×
미만		O	△	×
올림		O	△	×
버림		O	△	×
반올림		O	△	×
진분수		O	△	×
가분수		O	△	×
도형의 합동		O	△	×
선대칭도형		O	△	×

점대칭도형		○	△	×
초식성		○	△	×
서식지		○	△	×
직육면체		○	△	×
겨냥도		○	△	×
전개도		○	△	×
평균		○	△	×
국토		○	△	×
터전		○	△	×
머드축제		○	△	×
지구본		○	△	×
위선		○	△	×
경선		○	△	×
위도		○	△	×
경도		○	△	×
본초자오선		○	△	×
동경		○	△	×
북위		○	△	×
대륙		○	△	×
반도		○	△	×
해경		○	△	×
영공		○	△	×
영해		○	△	×
주권		○	△	×
비무장지대		○	△	×
생태계		○	△	×
천연기념물		○	△	×
산맥		○	△	×
일기예보		○	△	×

행정구역		○	△	×
도청		○	△	×
해안		○	△	×
지형		○	△	×
평야		○	△	×
다목적댐		○	△	×
간척		○	△	×
대기상태		○	△	×
중위도		○	△	×
등온선		○	△	×
가뭄		○	△	×
설피		○	△	×
저수지		○	△	×
예상		○	△	×
자연재해		○	△	×
산사태		○	△	×
집중호우		○	△	×
황사		○	△	×
폭설		○	△	×
한파		○	△	×
폭염		○	△	×
활성화		○	△	×
파손		○	△	×
붕괴		○	△	×
수도권		○	△	×
인구		○	△	×
초고령사회		○	△	×
인구구성		○	△	×
유소년층		○	△	×

청장년층		○	△	×
인구밀도		○	△	×
중화학공업		○	△	×
생활권		○	△	×
추구		○	△	×
보전		○	△	×
경관		○	△	×
인권		○	△	×
침해		○	△	×
유엔국제기구		○	△	×
학대		○	△	×
방임		○	△	×
신문고제도		○	△	×
상언제도		○	△	×
캠페인		○	△	×
법		○	△	×
제재		○	△	×
도덕		○	△	×
자율적		○	△	×
권리		○	△	×
개인정보		○	△	×
준수		○	△	×
헌법		○	△	×
국민투표		○	△	×
독창적		○	△	×
분포		○	△	×
전성기		○	△	×
소멸		○	△	×
유민		○	△	×

동맹		○	△	×
수막새		○	△	×
선정		○	△	×
석탑		○	△	×
고분		○	△	×
교역		○	△	×
아치형		○	△	×
돔형		○	△	×
유산		○	△	×
호족		○	△	×
멸망		○	△	×
건국		○	△	×
천민		○	△	×
허드렛일		○	△	×
피란		○	△	×
판옥선		○	△	×
의병		○	△	×
탕평책		○	△	×
선행		○	△	×
굶주림		○	△	×
실학자		○	△	×
서민		○	△	×
유배생활		○	△	×
풍속화		○	△	×
통상		○	△	×
조약		○	△	×
개항		○	△	×
개화		○	△	×
개혁		○	△	×

동학		○	△	×
탐관오리		○	△	×
죽창		○	△	×
노골적		○	△	×
시해		○	△	×
자주독립		○	△	×
근대		○	△	×
단발령		○	△	×
격렬한		○	△	×
탄압		○	△	×
계몽운동		○	△	×
수탈		○	△	×
폐교		○	△	×
배출		○	△	×
진압		○	△	×
만행		○	△	×
정부수립		○	△	×
분단		○	△	×
선출		○	△	×
후퇴		○	△	×
피란민		○	△	×
변인통제		○	△	×
자료변환		○	△	×
결론도출		○	△	×
적외선		○	△	×
온도계		○	△	×
전도		○	△	×
단열		○	△	×
대류		○	△	×

순환		○	△	×
태양		○	△	×
에너지		○	△	×
행성		○	△	×
별자리		○	△	×
북극성		○	△	×
북두칠성		○	△	×
관측		○	△	×
멸종		○	△	×
인공위성		○	△	×
행성		○	△	×
용해		○	△	×
용액		○	△	×
용질		○	△	×
용매		○	△	×
균류		○	△	×
원생생물		○	△	×
미생물		○	△	×
세균배양		○	△	×
모래시계		○	△	×
측정		○	△	×
생태계		○	△	×
분해자		○	△	×
먹이사슬		○	△	×
먹이그물		○	△	×
생태피라미드		○	△	×
생태계평형		○	△	×
철새		○	△	×
적응		○	△	×

서식지		○	△	×
환경오염		○	△	×
복원		○	△	×
습도		○	△	×
응결		○	△	×
이슬		○	△	×
안개		○	△	×
구름		○	△	×
고기압		○	△	×
저기압		○	△	×
해풍		○	△	×
육풍		○	△	×
속력		○	△	×
자율주행		○	△	×
자동차		○	△	×
감지		○	△	×
지시약		○	△	×
산성용액		○	△	×
염기성용액		○	△	×

6학년

　6학년은 초등학교의 마지막 학년입니다. 5학년 때보다 교과서 내용이 많이 어려워졌습니다. 국어 교과시도 한 학기의 양이 327페이지로 중학교 양에 가깝습니다. 그러다 보니 많은 어휘가 새롭게 나오고 사회도 정치, 경제, 자연, 문화, 기후, 세계 각국의 사는 모습^{의식주}을 배웁니다. 통일된 한국의 미래와 지구촌 평화에 대한 내용을 배우다 보니 다양하고 생소한 어휘가 많이 나옵니다. 사회 같은 경우 찾아보기에 나온 어휘는 개념 설명 위주로 나옵니다. 실질적으로 교과서를 읽다 보면 찾아보기에 나온 어휘보다 훨씬 많은 어휘들이 새롭게 나옵니다. 정치, 경제, 사회, 문화와 관련된 어휘들이므로 앞으로 중학교 올라가서도 많이 사용하게 될 어휘들입니다. 반드시 알고 있어야 합니다.

　거듭 강조하지만 중학교에 올라가면 사회 교과서를 제대로 읽지 못하고, 중요한 내용을 잘 정리하지 못하는 아이들이 많습니다. 특히 교과서를 읽어도 무엇을 설명하는지 모르는 아이들이 있는데, 그것은 대부분 어휘력이 약하기 때문입니다. 어휘력은 문제를 풀 때도 확연히 나타납니다. 6학년 겨울 방학 때는 6학년 교과서를 한번 읽으며 모르는 낱말을 다시 점검해 보고 중학교에 올라가는 것이 좋습니다.

어휘

어휘	뜻	확인		
교향악		○	△	×
세숫대야		○	△	×
왈츠		○	△	×
참신하다		○	△	×
비유		○	△	×
은유법		○	△	×
직유법		○	△	×
운율		○	△	×
시화전		○	△	×
저승/이승		○	△	×
원님		○	△	×
허름한		○	△	×
선비		○	△	×
변장		○	△	×
심술궂다		○	△	×
소인		○	△	×
간청		○	△	×
수명		○	△	×
곳간		○	△	×
적선		○	△	×
선뜻		○	△	×
해코지하다		○	△	×
구조		○	△	×
발단		○	△	×
전개		○	△	×

절정		○	△	×
결말		○	△	×
삭제		○	△	×
공터		○	△	×
폐지		○	△	×
손놀림		○	△	×
잰걸음		○	△	×
섬뜩하다		○	△	×
울릉대다		○	△	×
탄성		○	△	×
아슴아슴		○	△	×
타박		○	△	×
외계인		○	△	×
추론		○	△	×
저작권		○	△	×
인재상		○	△	×
주인의식		○	△	×
역량 중심 교육		○	△	×
강화		○	△	×
핵심 역량		○	△	×
도구 활용 능력		○	△	×
논설문		○	△	×
타당성		○	△	×
적절성		○	△	×
구속		○	△	×
인위적		○	△	×
항암 효과		○	△	×
슬기		○	△	×
염장 기술		○	△	×

		O	△	×
주목		○	△	×
위협		○	△	×
무분별		○	△	×
복원		○	△	×
자정 능력		○	△	×
유기적		○	△	×
금수강산		○	△	×
훼손		○	△	×
주관적/객관적		○	△	×
모호한 표현		○	△	×
단정하는 표현		○	△	×
바늘 가는 데 실간다		○	△	×
누워서 떡 먹기		○	△	×
시작이 반		○	△	×
백지장도 맞들면 낫다		○	△	×
콩 심은 데 콩 나고 팥 심은 데 팥 난다		○	△	×
사공이 많으면 배가 산으로 간다		○	△	×
하나를 알면 열을 안다		○	△	×
가는 말이 고와야 오는 말이 곱다		○	△	×
엎친 데 덮친 격		○	△	×
소 잃고 외양간 고친다		○	△	×
티끌 모아 태산		○	△	×
우물을 파도 한 우물을 파다		○	△	×
하룻 강아지 범 무서운 줄 모른다		○	△	×
배보다 배꼽이 크다		○	△	×
쥐구멍에도 볕들 날이 있다		○	△	×
발 없는 말이 천리 간다		○	△	×
세 살 적 버릇이 여든까지 간다		○	△	×

천리 길도 한 걸음부터		○	△	×
지렁이도 밟으면 꿈틀한다		○	△	×
오지다		○	△	×
실현성		○	△	×
시치미를 떼다		○	△	×
궁리		○	△	×
간이 콩알만 해졌다		○	△	×
허황된		○	△	×
말이 씨가 된다		○	△	×
입이 비뚤어져도 말은 바로 해라		○	△	×
아해 다르고 어해 다르다		○	△	×
말이 많으면 쓸 말이 적다		○	△	×
가루는 칠수록 고와지고 말은 할수록 거칠어진다		○	△	×
호랑이도 제 말하면 온다		○	△	×
호랑이에게 물려가도 정신만 차리면 산다		○	△	×
사람은 죽으면 이름을 남기고 범은 죽으면 가죽을 남긴다		○	△	×
호랑이는 호랑이가 낳고 개는 개가 기른다		○	△	×
극본		○	△	×
대사/지문		○	△	×
정령		○	△	×
영혼		○	△	×
마법		○	△	×
퇴장		○	△	×
자상하게		○	△	×
낭독		○	△	×
단서		○	△	×
법궁		○	△	×
궁궐		○	△	×

즉위식		○	△	×
혼례식		○	△	×
외국 사신		○	△	×
후원		○	△	×
어진		○	△	×
접대		○	△	×
촬영		○	△	×
편집 도구		○	△	×
실태		○	△	×
비속어		○	△	×
사례집		○	△	×
터전		○	△	×
추구		○	△	×
보듬다		○	△	×
텃밭		○	△	×
소외		○	△	×
빈민		○	△	×
구제		○	△	×
개혁		○	△	×
백골		○	△	×
진토		○	△	×
일편단심		○	△	×
가치		○	△	×
수군 통제사		○	△	×
무참하게		○	△	×
소장각		○	△	×
효험		○	△	×
벌목		○	△	×
비옥하다		○	△	×

고갈		○	△	×
묘목		○	△	×
전파		○	△	×
당황스럽다		○	△	×
개탄		○	∧	×
한탄		○	△	×
망각		○	△	×
화평		○	△	×
병폐		○	△	×
연민		○	△	×
곤경		○	△	×
환심		○	△	×
공덕		○	△	×
신문 기사		○	△	×
신분 제도		○	△	×
노비		○	△	×
총명		○	△	×
비범		○	△	×
천문		○	△	×
분실술		○	△	×
각광 받다		○	△	×
추세		○	△	×
고령화		○	△	×
배출		○	△	×
보급		○	△	×
반려 동물		○	△	×
핵심어		○	△	×
의병장		○	△	×
촉구		○	△	×

망명		○	△	×
후학		○	△	×
유배		○	△	×
한양		○	△	×
혹평		○	△	×
문화생		○	△	×
사랑채		○	△	×
간곡하게		○	△	×
미간		○	△	×
심드렁하다		○	△	×
근면하다		○	△	×
화첩		○	△	×
황송하게		○	△	×
교묘한		○	△	×
안목		○	△	×
기껍다		○	△	×
행장		○	△	×
탁본		○	△	×
부임지		○	△	×
고적한		○	△	×
성글다		○	△	×
섭리		○	△	×
투박		○	△	×
산수화		○	△	×
손사랫짓		○	△	×
야속하다		○	△	×
자부심		○	△	×
혼절		○	△	×
관용 표현		○	△	×

발이 넓다		○	△	×
발 없는 말이 천리 간다		○	△	×
눈이 번쩍 뜨인다		○	△	×
쇠뿔도 단김에 빼라		○	△	×
김이 식어 버렸잖아		○	△	×
간 떨어질 뻔했다		○	△	×
손꼽아 기다리다		○	△	×
천하를 얻은 듯		○	△	×
눈 깜짝할 사이		○	△	×
금이 가다		○	△	×
막을 열다		○	△	×
간이 크다		○	△	×
물 쓰듯하다		○	△	×
애간장이 타다		○	△	×
하루에도 열 두 번		○	△	×
공든 탑이 무너지랴		○	△	×
손발을 맞추다		○	△	×
머리를 맞대다		○	△	×
벼 이삭은 익을수록 고개를 숙인다		○	△	×
난처한		○	△	×
공정 무역		○	△	×
다국적 기업		○	△	×
독극물		○	△	×
벌목		○	△	×
관점		○	△	×
부강한		○	△	×
배양		○	△	×
홍익인간		○	△	×

사명		○	△	×
인자하다		○	△	×
어질다		○	△	×
사모		○	△	×
로봇세		○	△	×
재분배		○	△	×
공존		○	△	×
혁신		○	△	×
실학자		○	△	×
진솔하게		○	△	×
기후 협약		○	△	×
독보적		○	△	×
내구성		○	△	×
초경량		○	△	×
과장 광고		○	△	×
허위 광고		○	△	×
뉴스		○	△	×
부작용		○	△	×
대체		○	△	×
입양		○	△	×
방황		○	△	×
교역		○	△	×
반색		○	△	×
각기둥		○	△	×
각뿔		○	△	×
입체도형		○	△	×
평면도형		○	△	×
평행		○	△	×
합동		○	△	×

		○	△	×
밑면		○	△	×
옆면		○	△	×
모서리		○	△	×
비율		○	△	×
백분율		○	△	×
통계		○	△	×
권역별		○	△	×
부피		○	△	×
겉넓이		○	△	×
비례식		○	△	×
외항		○	△	×
내항		○	△	×
비례		○	△	×
배분		○	△	×
공정		○	△	×
원주율		○	△	×
원주		○	△	×
지름		○	△	×
원의 넓이		○	△	×
원뿔		○	△	×
원기둥		○	△	×
구		○	△	×
효모		○	△	×
발효		○	△	×
가설		○	△	×
꺾은선 그래프		○	△	×
지구의 자전		○	△	×
자전축		○	△	×
공전		○	△	×

초승달		○	△	×
상현달		○	△	×
보름달		○	△	×
하현달		○	△	×
그믐달		○	△	×
천문학자		○	△	×
산소		○	△	×
이산화탄소		○	△	×
드라이아이스		○	△	×
석회수		○	△	×
압력		○	△	×
혼합물		○	△	×
빙하		○	△	×
세포		○	△	×
세포벽		○	△	×
세포막		○	△	×
핵		○	△	×
광합성		○	△	×
기공		○	△	×
증산작용		○	△	×
꽃가루받이		○	△	×
암술		○	△	×
꽃가루		○	△	×
수술		○	△	×
꽃받침		○	△	×
품종개량		○	△	×
프리즘		○	△	×
도체		○	△	×
전류		○	△	×

전기회로		○	△	×
부도체		○	△	×
전지의 직렬연결		○	△	×
전지의 병렬연결		○	△	×
전자석		○	△	×
충전		○	△	×
화석연료		○	△	×
태양고도		○	△	×
앙구일구		○	△	×
연소		○	△	×
발화점		○	△	×
소화		○	△	×
화재대피		○	△	×
화재감식		○	△	×
유발		○	△	×
복원		○	△	×
기관		○	△	×
운동기관		○	△	×
소화		○	△	×
소화기관		○	△	×
식도		○	△	×
호흡		○	△	×
호흡기관		○	△	×
순환		○	△	×
배설		○	△	×
배설기관		○	△	×
노폐물		○	△	×
감각기관		○	△	×
의공학자		○	△	×

효율적		○	△	×
민주주의		○	△	×
추모		○	△	×
염원		○	△	×
임시정부		○	△	×
불의		○	△	×
자율		○	△	×
혁명		○	△	×
관람		○	△	×
부정선거		○	△	×
실종		○	△	×
시위		○	△	×
군사정변		○	△	×
직선제		○	△	×
간선제		○	△	×
취재		○	△	×
계엄군		○	△	×
시민군		○	△	×
희생		○	△	×
증언		○	△	×
탄압		○	△	×
진압		○	△	×
부활		○	△	×
지방자치제		○	△	×
수렴		○	△	×
공청회		○	△	×
존엄		○	△	×
매립장		○	△	×
다수결의 원칙		○	△	×

국민주권		○	△	×
국회		○	△	×
심의		○	△	×
공정한		○	△	×
삼권분립		○	△	×
이윤		○	△	×
합리적		○	△	×
공정무역		○	△	×
외환시장		○	△	×
경공업		○	△	×
중화학공업		○	△	×
조선소		○	△	×
한류		○	△	×
실업자		○	△	×
복지정책		○	△	×
교류		○	△	×
분쟁		○	△	×
패소		○	△	×
적도		○	△	×
본초자오선		○	△	×
대륙		○	△	×
대양		○	△	×
북반구		○	△	×
남반구		○	△	×
영유권		○	△	×
고산기후		○	△	×
해발고도		○	△	×
화전농업		○	△	×
펄프		○	△	×

히잡		○	△	×
온천		○	△	×
천연자원		○	△	×
합작		○	△	×
초월한		○	△	×
지구촌,비무장 지대		○	△	×
천연기념물		○	△	×
비정부기구		○	△	×
국경없는 의사회		○	△	×
그린피스		○	△	×
세이브 더 칠드런		○	△	×
빈곤		○	△	×
열대우림		○	△	×
지속 가능한 미래		○	△	×
무항생제		○	△	×
퇴비		○	△	×
기아		○	△	×
편견		○	△	×

초등 문해력이
평생 성적을 결정한다

초판 1쇄 발행 · 2022년 3월 31일

지은이 · 오선균
펴낸이 · 김동하
펴낸곳 · 부커

출판신고 · 2015년 1월 14일 제2016-000120호
주소 · (03955) 서울시 마포구 방울내로7길 8 반석빌딩 5층
문의 · (070) 7853-8600
팩스 · (02) 6020-8601
포스트 · post.naver.com/books-garden1

ISBN · 979-11-6416-109-6 (13590)